JN064420

新潟県の阿賀野川流域に現れた
江戸時代の海獣

村 野　豊 著

當文化二丑年十月廿六日越後國蒲原郡
菱ヶ谷庄松平越中守様御領分
安部新村ゟ川ゟ上ル
後色ニ合ケ
長サ四尺五寸りき

アザラシとみられる海獣の図（文化 2 年〔1805〕10 月 26 日）

序　文

　「阿賀野川に "アガノちゃん" が現れた」と、現代の出来事であればそのような微笑ましいニュースになっていたかも知れない。江戸時代後期の文化2年（1805）に、新潟県を貫流して日本海へ注ぐ阿賀野川を、内陸部の安部新村（あべしん）まで遡って地元民に捕獲された1頭の海獣（海棲哺乳類（かいせい））がいたらしいことが、私が入手した古文書によって分かった。

　本書では、新潟市内かその周辺地域の旧家に残されていたとみられる1点の史料を紹介する。著者不明であまり保存状態の良くない毛筆書きの小冊子なのだが、それには、国内有数の一級河川として知られる阿賀野川の流域で見つかった動物の絵図が1枚描かれている。絵図の余白には発見場所と捕獲した年月日も書かれている。

　川から上がってきて体長が4尺（約120cm）ばかりあったらしいと記されているのだが、江戸期の国内にいた陸棲（りくせい）の哺乳類には、ニホンカワウソをはじめとして該当する姿と大きさのものが見当たらない。妖怪や架空の奇獣を描いた戯画の趣きとは異なるため、この動物は海から来たもので、本文中で述べる理由からアザラシだった可能性が高いと考えられるのだが、従来、アザラシの漂着や捕獲について記された江戸時代の史料は少なく、江戸期以前の記録は1件も知られていないので、もしこれがアザラシであれば近世の数少ない記録のひとつとなり、河川を内陸まで遡上してその捕獲場所と年月日まで書かれた記録となると、おそらく上古から幕末維新期まで通じて国内では前例がないだろう。

　しかし、絵図の余白に書かれている情報はごく短文で、当時の地元や周辺地域でこの動物の出現が話題になったらしき形跡も今のところ見つからない。情報量がとても少ないため、本書での論述は想像や推測の域に留まる部分が多くなる。史料に書かれている内容の信憑性も含めて不明な点が多いのだが、海獣類による内陸への遡上という推論は外れてい

ないと思われるので、全国的に稀な事例として本書を著し、本当に海から来たのか、本当にアザラシなのか、本当にあった出来事なのか、読者のご批評の俎上にのせたいと思い公表することとした。

　私は近世の古文書の解読と分析には多少の知見を持っているが、海洋生物の研究経験はなかったため、本書は基本的に新出史料の紹介という軽めのスタンスではある。素人の拙文ながら、歴史研究家や海洋生物研究家、一般の歴史ファンや動物愛好家の、研究素材または読み物としてご一読いただければと思う。そして、読者による考証に供するため、入手した小冊子の全頁のモノクロ写真を本書の末尾に「附録」として掲載した。海獣類の図と説明文が書かれているのは最初の１頁だけで、それ以降の頁はまったく関係のない記述ばかりなのだが、絵図の史料的分析に影響する部分が少なくないので、古文書を読める方はあわせてご覧いただきたい。その内容に本書ではあまり深く触れていないが、海獣類以外の分野でも史学者の研究に役立つところが含まれているだろう。本文の 30 頁から史料の内訳とそのおおよその内容を掲載してある。

　この小冊子の表紙には題簽（だいせん）（タイトル表示）の貼付も見出しの記入もないため、本書では「文化二年阿賀野川海獣遡上史料」と仮称しておく。

　なお、本書では他の古文書や古文献からの引用文も多少掲載しているが、読みやすくするために、漢文体の原文を送り仮名付きの文章に改めたり、適宜、私が句読点や濁点、原文の改行位置「／」をほどこした箇所がある。江戸期とそれ以前の説明文に含まれる和暦の月日は旧暦に基づいている。また、現代では差別的用語とみなされている語句が引用文に若干含まれているが、史料的観点から改変はしていない。引用した各図版の出典は、63、64 頁にまとめて掲載してあるのでご参照願いたい。

　　　2024 年 6 月 9 日

　　　　　　　　　　　　　　　　　　　　　　　　　筆　　者

目　　次

新潟県の阿賀野川流域に現れた江戸時代の海獣

村 野　豊

●ネットオークションを発端として

　アザラシとみられる海獣類の姿が描かれた江戸時代の古文書が、2021年9月にインターネットオークションに出品され、私が落札した(1)。私的な雑記帳か、もしくは年代記のような意図で作られたとみられる毛筆書きの小冊子である（以下、本書では雑記帳と称する）。

　寸法はおよそ縦19cm×横13.5cm、丁数は20、表題（表紙）がなく著者は不明。二つ折りや四つ折りにした紙を重ね合わせた谷折り（たにお）で、折り目側を糸で綴じたごく簡易な、雑と言っていいようなつくりのものである。幸い虫食いはないが裏表紙の破損が著しく、糸で綴じた箇所も用紙が断裂して分解寸前になっているなど、保存状態は良くなかった。

　オークションの出品者によれば、この年の春に新潟県内の某市で開催された古物商だけが参加する競り市で入手したという。こうした競り市に出品する荷主たちの情報は伏せられており、個人情報保護の問題もあって出どころを探るのは難しく、追跡はしなかった。どれほどの期間、荷主の手元にあったかも分からないのだが、もともとは新潟市内か近隣のどこかの旧家に所蔵されていたのだろう。本書の口絵写真のとおり、海獣図は冊子の最初の頁にいきなり描かれているが、綴じ糸の外縁部に小さな紙片らしきものがわずかにこびりついているので、もともと表紙のあったものが失われてこうした体裁になっているのかも知れない。

　以下、この古文書から読み取れる情報と推論を記していく。

●海獣類のストランディング

　ここに描かれているのはアザラシの幼獣か未成体と思われる。全身を左側面から描いた簡略な１点のみの絵図なのだが、簡単にアザラシとは判断できない外観を呈している部分もあるので検討していきたい。

　まず余白にある説明文だが、発見場所や日時、捕獲の経緯などについてつぎのように記されている。

　　時文化二丑年十月廿六日、越後国蒲原郡

　　菅名庄　松平越中守様領分、

　　安部新村ニ而川ゟ上ル、　　（※ニ而は「にて」、ゟは「より」と読む）

　　鉄鉋ニ而打、　　　　　　　（※鉋は「砲」か「炮」の誤り）

　　長サ四尺斗り者、

図版 1-1　文化二年阿賀野川海獣遡上史料〔p. 1〕

2

　すなわち、江戸時代の後期にあたる文化2年（1805）10月26日、当時、松平越中守（白河藩第三代藩主・松平定信）の領地で、現在の新潟市秋葉区東端の安部新（蒲原郡にあった旧・安部新村）という、新潟市と隣接する阿賀野市と五泉市が三つどもえに組み合うあたりの内陸地域で、そこの川から上がってきた（または漁師がたまたま混獲して引きずり揚げた？）ものを鉄砲で撃ち、体長は4尺ばかり（1尺＝約30cm）だったらしい、という内容である。クジラ・イルカ・ラッコ・ジュゴンなどを含めた海獣類が沿岸に座礁したり、沖合で漁師の網に混獲されたり、生存中もしくは死後に漂着したり、港湾や河口へ迷入・遡上することを総称してストランディング（stranding）というが(2)、この古文書は海獣類の河川迷入と内陸への遡上という、江戸期としては極めて稀有なストランディング事例を示すものとみられる。この古文書は旧・安部新村あたりか、そこから遠くない地域の旧家に所有されていたのかも知れない。

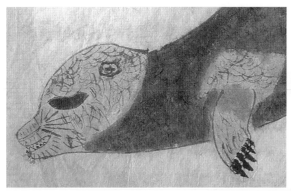

図版 1-2　上半身、および後肢と尾部

　絵図の動物は口が半開きで目を閉じていて、鉄砲で撃ったあとに描かれた死体のスケッチであろう。長く鋭い爪を四肢に5本ずつ擁し、小さくて短く歩行にあまり適さないと思われる前肢と、それとは逆の大きな幅の広い後肢、紡錘状に膨らんだ胴部、そして短小な尾の形などは、それぞれアザラシの外観に類似するところが多い。アザラシには耳介（耳たぶ）がないのだが、体毛につやがあるので、「◉」形のような特異な形に描かれている耳の表現は、耳の穴が光沢に丸く囲まれて見える様子を描いたのかも知れない(3)。前肢の小ささは、幅広で長く大きな前肢を

歩行にも用いるセイウチ・オットセイ・トド・アシカなど（これらをアザラシも含めて鰭脚類という）とは明確に違い、水族館で飼育・展示されているアシカやトドなら逆立ちの芸もできる。小さな尾の先端の塗り方も特徴的で、つけ根に白抜きの部分を残しながら先端の黒さを意図的に際立たせているが、実際のアザラシも、光の加減や毛色によってこのように尾の付け根や縁を白抜きにしたように見えるものがいる。ただ、後肢の様子は、後方へとまっすぐに伸びて閉じられているアザラシの実物（図版2の右写真）とはかなり異なっていて、上顎には鼻先から口角の真上あたりまで謎の横線（捕獲時にできた傷？）が入れられている。眼もずいぶん大きいなど、写実性に欠ける部分もあるが、歯列の先端に犬歯を大きめに描くなどの細かさもみられる。下顎の犬歯が上顎の犬歯よりも外側へと重ねて描かれているのも、たまたまそう描いただけかも知れないが、通常の噛み合わせの様子とは少し異なっているようでやや興味を惹く。

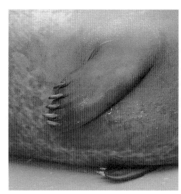

図版2　ゴマフアザラシの前肢と後肢・尾

　とりあえずこの絵図をアザラシと想定しながら論を進めていくが、あとの項で述べるとおり、後肢の様子をはじめとして不審な点もいくつかあるため容易には判断できない。

　解説文の5行目最後の字は「者（てへり）」と読む。てへり（新仮名遣いでは〔てえり〕となる）は、「…と言えり」が縮まった言葉で、古文書の文末にたまに見られる。他者の言を受け伝えるという意味なので、誰かが測った寸法をあとから伝え聞いたということになろうか。複数の

人物が捕獲とその後の対処に関与したように想像される。この5行目だけ墨の濃度が異なっていて、墨汁をついだ跡にしては薄すぎるようにも見えるので、もしかしたら後からの書き足しかも知れない。あるいは、者（てへり）がこの行だけでなく解説文全体を指しているとすると、全文が他の文書記録からの写しか誰かからの伝聞であって、雑記帳の著者本人が実物を観察して書いた一文ではなかったようにも取れるのだが、この文面だけでは経緯が判然としない。

　絵図も説明文も端的で、誇張や脚色めいた表現になっているとは思えず、『百鬼夜行絵巻』などの戯画や、錦絵、かわら版、浮世絵によく見られる妖怪、人魚、カッパなどの奇獣嗜好の絵画とは異なっている。

図版3　『和漢三才図会』巻第三十八のアザラシ

　アザラシなどの海獣類の形態的特徴を正確に写した絵図が、木版刷りで一般に流布されるようになるのはもっとのちの時代からだったとみられる。蘭学や博物学の好事家らによって図版が海獣譜などに仕立てられて、幕末に刊行された松浦武四郎の『知床日誌』（後述する）などのように、北海道に渡って現地を探査した人による鰭脚類の図も紹介されるようになっていった。古くは寺島良安の『和漢三才図会』（正徳2年〔1712〕成立）巻第三十八にも蝦夷のアザラシ（水豹、和名　阿左良之）の図（図版3）が掲載され、広く流通してはいたようだが、中国画風の古典的な線描で、耳介とみられる黒縁でとがった部位がふたつ描かれているなど、実物の姿とはかけ離れた観があって、特徴を確認しやすい四肢や尾部が描かれていないため、この図版を描いた絵師が実際のアザラシを写生したものではなく、誰かが正確に描いたアザラシの絵から写し取ったもの

とも思えない。全身にほどこされた丸い斑紋だけが、ワモンアザラシや
ゴマフアザラシを思わせる特徴のように見えるのみである(4)。

　雑記帳の著者やその周辺にいた人物が実物を見ずにあれだけ描けるほ
どの知見を、版本(市販や頒布された木版刷りの書籍)や他の刷り物、
あるいは肉筆画から得る機会は、文化2年(1805)当時はまだなかった
と思われ、そうしたものからの模写だったとは考えにくい。寛文3年
(1663)にオランダ商館長から将軍家にヤン・ヨンストン著の『動物図譜』
が献上され、各種の陸棲哺乳類とともにアザラシを含む鰭脚類の写実的
な銅版図も若干掲載されているのだが、この書物は長らく江戸城内の書
庫に眠って世に出ることがなく、およそ100年後の明和5年(1768)に
平賀源内がオランダ人から同じものを入手して、源内宅に知友の宋紫石
や司馬江漢ら、高名な絵師たちが通って模写することで『動物図譜』の
図版の一部が少しずつ世に広まっていったようだが、この蘭書をもとに
アザラシや他の鰭脚類の絵図が広められる機会はなかったらしい(5)。

　また、絵図の年紀と同時期に、現地や近隣で海獣類が見せ物に供され
た記録も見当たらないのだが(6)、奇獣や珍獣の見せ物興行が盛んに商業
化していくのは文化2年よりのちの時代なので、見せ物をみてそれを描
画できた経験者が安部新村かその近辺にいたとも考えにくい。近世の新
潟は貿易港として栄え、物資流通の結節点となっていたので、もし交易
を介してロシアあたりから入ってきた海獣の毛皮などをどこかで見る機
会があったとしても、それだけではとてもあの絵図は描けまい。

　今回の雑記帳の絵図は、版本の挿図などからの模写やフィクションで
はなく、捕獲・射殺の直後かあまり間を置かないうちに、誰かが実物を
見ながら、誇張や装飾を混ぜ込むことをせずにおおむね率直にスケッチ
したものだったと考えていいのではないだろうか。

●日本の沿岸へ漂着するアザラシ

　アザラシの棲息地は北極海が中心で、最南端はオホーツク海沿岸である。北海道以南の日本沿岸に現れるのは、おもにワモンアザラシ、ゴマフアザラシ、アゴヒゲアザラシの氷上繁殖型の３種類で(7)、前２種には背中や体側面に無数の目立つ斑紋があり、個体差もあるようだが、ワモンアザラシはより際立つ円形の大きな斑紋を持っている。この雑記帳の絵図は腹部まで含めて体の広範が無斑と思われる一様な黒塗りになっているので、一見、体毛が黒っぽくて斑紋を持たないアゴヒゲアザラシのようでもあるが、特徴である長くて豊富なヒゲが描かれていない。また、前述したように、通常なら尾と同じ方向へ体と水平に伸びて閉じられている後肢が、前方寄りに開いているのも不自然で、アザラシはこのように後肢を前方寄りに向けることができず、付け根の位置も正常ではない。この部分の描写だけが、板に棒を並べたみたいな稚拙なタッチになっているのも気になる。ただ、捕獲時に膝関節などを骨折していたとすれば、こうした開脚気味の姿に見えたとも考えられるのだろうか。

　そして頭部、四肢とつけ根の周辺、背の一部が白抜きに描かれている点だが、アゴヒゲアザラシにはこうした紋様がない。クラカケアザラシはシャチのような白と黒の独特な紋様を持っているが、それとはまったく異なる。体毛の白さを表しているように見えるが、体毛の黒い種類なら、つやのある体毛から照り返す光沢を表現したものか。水から上がったばかりで濡れている状態だったとすれば、陽射しで光沢が鮮明となっていたかも知れないが、そのような様子を描いたとも思われない。

　白抜きの箇所は全面に薄っすらと朱色（もしくは茶色か）を滲ませていて、やや無造作な筆致の毛並みで埋め尽くされている。捕獲時に暴れて体毛が乱れた様子かも知れないが、この白抜き部分は年に１回起こる換毛（体毛の生え替わり）の途中の姿を描いたのだろうか。多くのアザラシは四肢、顔、そして胴部という順に換毛が進むというから、換毛途

7

中の個体のようにも思えるのだが、通常アザラシの換毛期は晩冬から初春で、新暦なら3月から4月ごろが中心となる。種類や気候条件などによって誤差も生じるのだろうが、安部新村に現れたという文化2年の10月26日は、新暦換算なら同年の12月中旬に相当するので、早過ぎないか。また幼獣なら白から黒へと換毛するが、黒から白への換毛は通常どの種類でも起こらない。もしこれがゴマフアザラシで、前回の換毛時に新たな毛がしっかりと生えず、黒い皮膚が露出していた若い個体だったとすれば、このように全体が黒く、四肢と頭と背の一部だけが発毛開始で"白っぽく"なり、ヒゲも長く描かれなかったという推測も可能となるのだろうか。黒塗りの部分には体毛を描き込んだ様子がまったくないことから、脱毛状態だったようにも思える。その上で体表面が乾いていれば、毛のある部分がより白っぽく際立って見えたとも想定されよう。謎を含む紋様だが、著者の気まぐれな創作による色付けの結果だったとは思えない。実際このように見える姿をしていたのだろう。薄く着色しているので、そもそも白毛を表現しようとしたのではなかったのかも知れない。

　上記したおもな3種類の氷上繁殖型アザラシは幼獣の乳離れが早く、氷上で生まれ育った幼獣が、流氷の南下や春先からの氷解にともなってそのまま単独で北海道やその以南へと流されていくケースが稀にだが出てくる(8)。この雑記帳に描かれた個体も、そのような経緯を発端としてはるばる南下してきた一員だったのではないか。

　この絵図には下書きをした枠線らしき跡がみられず、線の描き方もなめらかで歪みやためらいがない。頭部の形は、鼻先から額までの鼻梁の湾曲がやや強めの凹形になっているが、おおむね形態を的確に捉えており、前肢の爪の長さにも微妙な調節をほどこしている点、そして白抜き部分の淡い浮き出させ方などをみると、あるていど日本画の技法を習得して一定の画力を持っていた人物の筆と考えていいのではなかろうか。動物画の経験値も感じられるので、この著者は地元で多少とも知られた文人だったのかも知れない。今後、雑記帳の全頁をよく検分し、地元の他の古文書史料との比較などがなされていく機会があれば、いずれは著

者が誰だったか割り出される可能性も出てくるのだろうか(9)。

　この個体が上陸したという安部新村は、日本海に注ぐ一級河川・阿賀野川と、支流の早出川が合流する位置（阿賀野市の分田付近）から早出川へ少し遡ったところの、磐越自動車道と川が交差している上流側の西サイドあたりにあったらしい。国道17号沿いの、かつて下新村と羽下村のあいだに挟まれていた場所である。ただし治水や新田開発のため、とりわけ1700年代は阿賀野川流域を含めてさかんに開削工事が行なわれ、洪水も影響して河道が大きく変化していたことがあったので、1805年当時の現地の河道は現在と少なからず違っていたであろう。現在の地形との比定が可能な、正確な上陸位置を探るのは難しい。下方で分流して信濃川へ接続している小阿賀野川を経由し、信濃川の河口から迷入してきた可能性も考えられなくはない(10)。ともかく、この個体は阿賀野川流域を安部新村まで遡上して、地元民に発見されたという経緯だったのだろう。岸にいたところへ人が近づけばすぐ水中へ逃げただろうが、病んで動けず横たわっていたなどの事情があったか、もしくは漁師がたまたま漁撈のさなかに混獲して引きずり揚げたものか。

　雪景色での捕獲だったことも考えられよう。鈴木牧之の『北越雪譜（ほくえつせっぷ）』（天保8年〔1837〕刊）初編には、江戸期の北越地方における初雪について、その年の気運寒暖によって早い遅いの違いがあるとしながら、「およそ初雪は九月の末（すえ）十月の首（はじめ）にあり」と記されている。新暦の11月中旬から下旬ごろに該当するが、安部新村に近い気象庁のアメダス新津観測所のデータを気象庁のサイトで一覧すると、温暖とされている現代でも12月中の積雪記録が多数みられるので(11)、すでに雪景色だったかも知れない。

　江戸時代は作物を荒らす鹿やイノシシなどの被害が深刻で、それらを排除するために、農民が領主から火縄銃を一定の期間（長期の四季打（しきうち）と、短期の二季打（にきうち）があった）で借りることができたのだが、新潟市歴史博物館みなとぴあによると、「安部新村で捕獲に使った鉄砲の使用実態や、その後の海獣の死体の取り扱いについては、調べられる周辺資料が今のところない」とのことで、使用状況は分からない。安部新村かその近辺

にいたと推測される四季打鉄砲の所持者が、初めて見た120cmほども
ある奇異な生物を恐れて撃った、あるいは警戒心が強く攻撃性もある野
生動物が、近づいた地元民に牙をむいて咆哮をあげながら迫ったので撃
ったなどの経緯があったのかも知れない(12)。野生でも人を恐れない場
合はあるだろうが、それなら殺さずに捕えようとしたのだろうか。

　筆まめな地元民が記録に留めたくなるような変事であっただろうし、
鹿やイノシシの駆除数などを鉄砲の使用記録として領主に提出すること
になっている「鉄砲改」の文書などがもしどこかに残されていれば、
この出来事の概要、そして鉄砲の所持者や撃ったのが誰だったか、死体
がどう扱われたかなどがいずれ判明する可能性もなくはない。また、も
し今回の雑記帳以外の目撃情報がどこにも残されていないとすれば、ご
く短い日数で人目に触れないまま、河口から安部新村まで達していたと
いう経緯も想像されよう。阿賀野川も信濃川も川幅が広く、江戸時代も
そうであっただろうから、気づかれにくかったかも知れない。

　雑記帳に描かれている海獣は、全長の4分の1近くを頭部が占めてい
て頭がやや大きいため、小児体型のような印象を受ける。この絵がどれ
ほど実寸の比率に忠実に描かれたかは分からないが、前述したような著
者の描写力からすると、輪郭をあまり大きく外していないようにも思わ
れる。種類にもよるだろうが、もしアザラシなら、120cmほどの体長で
あれば幼獣にしては少々大きすぎて、成体にしてはやや小さいか。しか
し一般的に、本州沿岸に達するアザラシのほとんどは幼獣か未成熟の個
体だというから、この海獣もそうだったかも知れない(13)。

●アザラシ以外の動物だった可能性は

　上記した不審点も含めて、アザラシ以外の動物だった可能性も考える必要がある。今回の調査の過程で、新潟市水族館マリンピア日本海に絵図のコピーと解説文の訳文を送って見解を仰いだところ、体長や体の色合いなどからラッコの可能性も示され、「ラッコは頭部と、個体によっては前肢、そして後肢のあたりも白っぽくなることがある（かなり個体差あり）。18〜19世紀に乱獲されていたようだが、文化2年ごろならまだかなりの数が残っていたと思われ、迷入の可能性はゼロではないだろう」との返答だった。アザラシについても、「黒いアザラシが白く換毛することはなく、換毛期は3月から4月ごろである。ゴマフアザラシは若い個体に脱毛がよくみられ、皮膚は黒いが、換毛期に吻先や前肢の縁などの末端から生え始め、さらに進むと全身に均等に生えてくる」、そして鰭脚類の体の大きさについても、「ゴマフアザラシの幼獣なら産後の体長は90〜100cmくらいなので可能性がなくはないが、後肢の付き方がアザラシと異なるので、違うのではなかろうか」とのことだった。通常の換毛でこうした紋様になったとは考えにくく、後肢も明らかに異形であるなど、アザラシとするには不審な点があるということだ。

　アザラシの若い個体にみられる脱毛については、ウイルス感染によって部分的な脱毛が起こっていた可能性を考えることもできよう。マリンピア日本海によれば、「現代の研究により、アザラシの脱毛はポックスウイルス感染による皮膚の病変で起こるとみられているが、江戸当時のウイルス感染については史料が存在せず、何とも言えない。仮にこの絵図がアザラシで、春に通常の換毛を終えたあと、もし夏ごろから感染による皮膚の糜爛（表皮や粘膜のただれ）が起こって広範に脱毛し、糜爛が回復して黒い通常の皮膚が再生したという経緯があったとすれば、絵図のような奇異な模様になったという可能性も考えられなくはない(14)。そして、回復した皮膚に発毛が起こるのは翌春の換毛期になる」とのご見解だっ

11

た。あくまで推測のひとつであり、「可能性はそんなに高くないと思います
が」という付記も頂戴したのだが、想定しておいていい推論だと思う。

　アザラシ以外の可能性について、私も調査の開始当初、日本近海に棲
息またはストランディングする各種の海獣類、および陸棲としては大き
さや姿が該当しそうなニホンカワウソの剝製や絵画なども含めて、写真
や図版を多数検索した。この雑記帳の絵図が妖怪嗜好の誇張的な戯画で
はなく、著者に一定の信頼をおける画力とリアリズムがあったとの前提
で写真や図版との比較を行なったのだが、先述のとおり、アザラシ以外
の、大きなヒレ状の前肢を持つ鰭脚類の可能性はまず否定していい。ま
た、ニホンカワウソは絵図よりもずっと長く太い尾を持ち、体長の３分
の１ほどを占めていた。前記した『和漢三才図会』巻第三十八（図版４）、
および中村惕斎の百科事典『訓蒙図彙』（1666 年）巻之十二・畜獣に掲
載されている獺（をそ）の図をみても、簡略な絵だが尾は相応に長く太
く描かれ、絵図のようなおまけ程度の短小なものではない。『和漢三才
図会』に掲載の図は『訓蒙図彙』に構図と背景がそっくりなので、同書
から模写したものだろうか(15)。これが一般にニホンカワウソの実像と
して認識されていた姿であろう。そしてニホンカワウソの後肢は目立つ
ヒレ状ではなく、大きさも絵図のように前肢との明確な差はないので、
ニホンカワウソも除外して差し支えない。それ以外にクマの未成体やオ
オカミ、タヌキやキツネ、イタチなども含めて、比定できそうな陸棲動
物は思い当たらない。

図版４　『和漢三才図会』巻第三十八の水獺（かはうそ・水狗）

12

　沖縄以外の各地に分布したとされ、夜行性だが日中も活動していたニホンカワウソは、おそらく姿を見ることが稀ではないくらい蒲原郡でも広く知られていただろう。江戸時代の中期にあたる享保・元文年間（1716〜1741年）ごろの蒲原郡小川荘の産物記録にカワウソが含まれており(16)、『北越雪譜』巻之下には、農夫が「獺（かはをそ）のとりたる鮭を奪ひ、これを喰ら」って病死したという記述もあるのだが、目にするのが稀な動物というニュアンスで扱われてはいない。あとの項で述べるが、江戸期にはカワウソが一般の食材として複数の文献に出ているので、北越でも食材にされていたかどうかは不明だが、わざわざ年月日入りの絵図付きで、寸法や発見地まで記して捕獲記録を特筆するような珍しい動物ではなく、むしろ身近な水場にみられる普通の存在だったのではないか。

　そしてマリンピア日本海の示唆どおり、大きさや色合いなどに類似点があるのがラッコである。個体によっては絵図のように頭部や四肢の白っぽいものが少なからず見られ、後肢も絵図に似た大きなヒレ状（図版5）を呈していて、前肢とは形も大きさも明確に異なる。

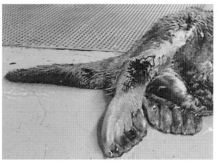

図版5　ラッコの横顔、ヒレ状の大きな後肢と長い尾の様子

　しかし、ニホンカワウソほどではないが、北海道や千島列島に棲息しているアジアラッコ（チシマラッコ）は、尾が長く太さもあり、泳ぐ際には舵の役割をするという。カワウソと同じくイタチ科らしい形と長さをしている点が、絵図とはおよそ合致しない。尾の先端部の付け根に施されている白抜きの表現も、ラッコのそれを示していると言えるものだろうか。また、ラッコの前肢は先端部が猫のような半円形を成していて、

13

爪も目立つほどのむき出しにはなっておらず、絵図のように同方向へ並列している爪の様子とは異なる。

　ラッコは顔の毛が豊富で長さもあり、頬が口元よりも垂れ下がっているため、絵図のように横顔をみた際、口が上顎の歯や口角まで露出して見える印象ではない。鼻梁も、眉間から鼻先へかけてアザラシほどには凹型に湾曲せず、むしろ前方へ円形にややせり出しているくらいの観がある。絵図の顔の各部については『知床日誌』などに掲載のアザラシの図版の方が似ており（図版6）、ラッコよりも鰭脚類に近い点が多いと思われるが、ただ『知床日誌』については、5頭すべての前肢がオットセイのような形に描かれていて、実像がそのまま捉えられていない部分もある。

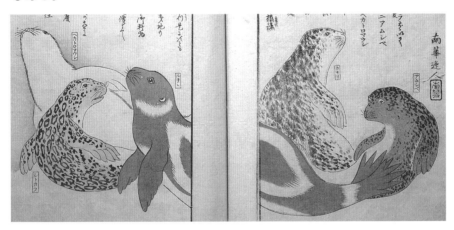

図版6　『知床日誌』（松浦武四郎著、1863年）のアザラシ

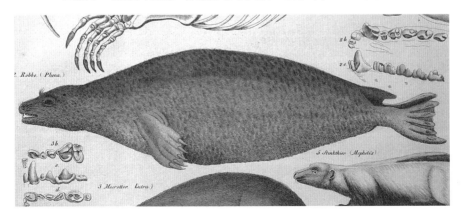

図版7　ドイツの自然史図鑑（1843年）のゼニガタアザラシ

　比較に適した同時代の図版が国内には見られないので、1843 年にド
イツで発行された自然史図鑑のゼニガタアザラシ（*Phoca vitulina*）の鋼
版画（図版 7 ）を引用してみた。博物学がはるかに発達していた西欧の
動物図は種類の同定に必要となる歯や骨格のスケッチも描かれ、正式な
学名も記入されるなど、印刷技術も含めて、分類学・解剖学の精緻さや
描画の写実性は江戸期の絵画史料の比ではない(17)。1843 年は日本の天
保 14 年に当たる。成体図とみられ頭部が全体に比して小さいが、紡錘
状の胴体、小さな前肢と爪の並び方、貧弱なほど短小な尾の先端、そし
て口角や口吻の輪郭などはよく似ている。しかし、やはり後方に伸びて
閉じられている後肢の様子はかなり異なり、付け根の位置も違う。雑記
帳の後肢は明らかに奇異で、描写も取って付けた作り物のような雑な印
象が否めない。

図版 8 　ゴマフアザラシの横顔・上半身

　図版 8 は実際のゴマフアザラシである。施設の飼育下にある個体で、
右の写真は体長が約 130cm で 5 歳、これも雑記帳と比べると胴体の大
型サイズ感はあるものの、横顔や前肢の形と大きさ、爪の並び、耳の穴
の様子など、後肢以外の姿をみる限りでは絵図と似ているところが多い
ように思われる(18)。左の写真は別個体で 4 歳、体長は約 110cm で、絵
図がもしゴマフアザラシならこの 2 頭に近い年齢だったかも知れない。
　そしてラッコの食性が一般的に知られているとおり、おもに貝類・甲
殻類・ウニ・ヒトデ・頭足類（イカ・タコ）・魚・海藻であるなら、大型
貝類が乏しく頭足類もおらず、捕獲が容易とみられるウニやヒトデもい
ない河川を食餌のために遡上するだろうか。ラッコは体脂肪と体温維持

のため、１日に体重の20～30％あまりにあたる量の餌を摂取するというが、文化２年当時の阿賀野川にそれを満たすだけの質やバラエティーに富んだ食餌環境があったかどうか。魚類は豊富にいたかも知れないが、安部新村は阿賀野川の現在の河口からだと直線距離で21kmほどの内陸にあったようで、食餌ではなく敵に追われるなどして河口へたまたま入ったとしても、あえてそのまま、そこまで遡上する必要があったのか。

　さらに、つぎの項でも述べるが、調査の過程で東京の国立科学博物館（以下、科博と略す）のホームページに掲載されている「海棲哺乳類情報データベース」や、その他の論文などを検索し、江戸期以前の記録も含めて海獣類のストランディング事例を調べたところ、ラッコの事例は、科博のデータベースによると2023年12月30日の検索時点で総数23件、うち22件は北海道沿岸である。一方、アザラシは北海道を中心として580件でラッコよりもケタ違いに多く、鰭脚類の中でも最多である。北海道以南での件数も多く、ごく少数だが鹿児島や沖縄まで達した記録もある(19)。それらのうち、河口への迷入または遡上が明確なアザラシの記録は30数件みられるが、ラッコは釧路川の河口に現れた2009年２月12日の１件のみで、そこから川上への遡上は確認されなかったようなので０件である。無論、上記データベースは過去の事例すべてを網羅してはいないだろうし、近世の記録が乏しいので明言はできないが、どこかの河川を遡上する以前に、北海道以南へのラッコの移動が記録上ほとんど起こっていないのである。今回の絵図をアザラシとするには外観上の疑問点などがいくつかあるものの、ラッコと想定するには一層うなずきにくい要素がある。

　現状、ここで明確な結論は出せないが、陸棲哺乳類も含めて、少なくともアザラシとラッコ以外の可能性は否定していいと考えられ、北海道以南におけるアザラシのストランディング事例の多さ、そして河川への迷入・遡上件数の多さがラッコとは比較にならないことも含めると、該当する動物がアザラシしか残らないように考えられるのである。

　本書では、この絵図はアザラシである可能性が最も高いとみて、さらに考察を進めていく。

●安部新村の川岸まで長距離の遡上

　注目点のひとつは遡上の距離である。前記のとおり、安部新村は阿賀野川の河口から直線距離で約 21km の内陸に位置していたとみられ、現在、河口との標高差は約 10m となっている(20)。ベーリング海やオホーツク海沿岸から以北の寒流域に棲息する鰭脚類が、単独で北海道以南の日本近海へ迷行することは昔から稀にあったようだが、そのうち、アザラシが河口に入って km 単位の内陸まで遡上するケースは、現代までに確認されているストランディング事例を通覧しても決して多くはなく、江戸期に限れば、おそらく今回の史料が初めての記録となるだろう。他の海獣類だとしてもかなり稀有な出来事で、ラッコならなおさらと言っていい。

　アザラシや他の鰭脚類による川の遡上は現代でも確認されることがあり、メディアを通じて話題にもなる。科博の「海棲哺乳類情報データベース」で、これまで確認されている国内のアザラシのストランディング事例を検索すると、前記のとおり 2023 年 12 月 30 日の時点で 580 件となっていた。内容を通覧したところ、備考欄に詳細が記されていない事例も多数含まれているため、上流や中〜下流域へ遡上した正確な件数を知るのは困難だが、アザラシが河口へ迷入または遡上したと記されているケースは 30 数件ほどみられた。このうち特に遡上が長距離に及んだものを、若干の補足情報を加えながらつぎに 9 件ピックアップしてみた。

　1933 年 1 月、秋田県秋田市、不明種、土崎港から雄物川を茨島（現・秋田大橋から雄物川河川敷緑地あたり？）へ約 3km 遡上、網での捕獲に失敗し射殺
　1973 年 7 月、岐阜県（愛知県？）、ゴマフアザラシ、木曾川上流まで約 20〜25km
　2000 年 9 月、北海道中川郡豊頃町、ゴマフアザラシ、十勝川茂岩橋、

17

河口から約 20km

2000 年 11 月、愛知県海部郡立田村（現・愛西市）、アゴヒゲアザラシ、木曾川立田大橋上流約 3.5km

2002 年 8 月、東京都大田区田園調布本町、アゴヒゲアザラシ、多摩川丸子橋付近、多摩川河口から約 13km。神奈川県横浜市の鶴見川と、9 月には同市の帷子川と大岡川にも出没

2003 年 6 月、宮城県桃生郡北上町（現・石巻市）、ゴマフアザラシ、北上川上流約 10km

2003 年 10 月、茨城県守谷市、ゴマフアザラシ、利根川の新大利根橋付近、利根川河口から約 78km

2011 年 10 月、埼玉県志木市、ゴマフアザラシ、荒川秋ヶ瀬取水堰、河口から約 30km

2014 年 9 月、茨城県常陸太田市、ワモンアザラシ、久慈川上流約 8km

以上、稀ではあるが長距離の遡上はみられる。おそらく川底に一定の深さや幅があれば、彼らの泳力は上流への遡上を苦にしないのだろう。前肢が小さいことは遡上の妨げになりにくいのかも知れない(21)。

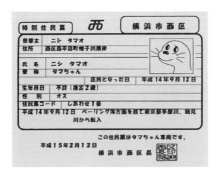

図版 9　タマちゃんの特別住民票（横浜市西区）

特に目立った例として、2002 年（平成 14）8 月に東京都の多摩川河口から 13km ほど上流の丸小橋付近に現れたアゴヒゲアザラシ（通称タマちゃん）や、2011 年（平成 23）10 月に太平洋岸から 30km ほど隔てた埼玉県志木市の荒川にゴマフアザラシ（通称アラちゃん）が迷い込ん

だ例は、テレビや週刊誌などで大きく報じられて多くの見物人が集まり、愛称も付けられて、数々の関連グッズが商品化されるなどのブームになった。横浜市の西区役所ではタマちゃんの特別住民票（図版9）を役所内で配布するサービスも行なわれ、年末恒例となっている日本新語・流行語大賞のひとつに「タマちゃん」が選ばれて話題となった。

図版10　1762年（宝暦12）頃と現在の阿賀野川の河道比較。右図下部中央の★印は安部新村があったとみられる早出川との合流付近

　河川を長距離遡上する確かな理由は分かっていないというが、荒川のように河口から広い汽水域（海水と淡水の混在域）をもつ川は、満潮などの潮位上昇によってある程度の上流まで海水が浸入して塩水濃度が高まることや、ボラやスズキなどの海棲魚類の遡上、そして水質の良し悪しなどが長距離の遡上に影響している可能性があると考えられている(22)。しかし、日本海側は太平洋側よりも潮位差が小幅なため、大潮の際でも河川への海水の浸入は弱いという。日本海側の大型河川はみな弱混合型で、阿賀野川と近隣の信濃川もそのひとつである。現代の調査により、阿賀野川の塩水遡上距離は最大で14kmとの記録があり(23)、遡上は河水の流量や流速などの環境にも左右されるというが、上流にダムもなく現代よりも河道が大きく蛇行していた江戸当時の阿賀野川（図版10）に、安部新村あたりまで海水が浸入する環境があったかどうかは分からず、河道が変化しているため海獣が上陸した正確な位置も推定しにくい(24)。しかし今回のアザラシとみられる個体が、直近の大潮の際の海

水浸入に乗じるなどしてたまたま阿賀野川か信濃川の河口に迷入し、当時の上流域まで広範にわたって魚やエビなどがあるていど豊かに棲息する食餌環境があったとすれば、そのまま内陸まで獲物を求めて遡上し、もしかしたら雪景色にも誘われて、しばらく流域に留まっていた可能性は考えられるのではないか。

　科博のデータベースなどをみると、近年になるほど記録の件数が多くなっているが、これは近代以降の人口増加、世間の注目度の高まり、映像や画像記録端末の普及など、時代の進行につれてストランディングや遡上が記録される機会が増えたことも影響しているだろう。戦中・戦後の食うや食わずの時代などはそれどころでなかったかも知れず、実際は、目撃されても文献や口承に残されず、あるいは人目にすら触れずに終わった数々の事例が、江戸時代やそれ以前からあったと推測される。

　さらに言えば、新生代の第四紀更新世（約258万年前〜1万年前）に国内で形成された地層のうち、北海道中川郡の幕別町にある150万年前の地層からアザラシを含む鰭脚類の化石が複数採取されており(25)、釧路町の縄文遺跡からは、漁猟の痕跡として、魚の骨や貝殻などに混じって各種鰭脚類やイルカの骨が多数出土した例がある(26)。福井県の鳥浜遺跡や宮城県の里浜貝塚出土の縄文期の糞石（当時の人たちの糞が化石化したもの）からも、遺物に残存している脂肪酸組成の分析によってアザラシ摂取の成分が見つかっているという(27)。そして、オホーツク文化や擦文文化を経て、中世から近世、近代へとアイヌの漁猟生活を支える資源のひとつが海獣類であった。アザラシもそこに含まれ、アザラシ捕獲のための伝統的なアイヌの狩猟技法は今も伝承されている。北海道をはじめとして、日本近海には地質時代から継続的にアザラシの姿があったのだろう。ストランディングはもちろん、河川を長距離遡上する個体が、人が列島に住み着く前の太古にいたことも想像できない話ではない。

　今回の雑記帳の解説文は短文に留まっているので分からないことが多いが、捕獲した年月日と遡上した位置の情報、そして簡略ではあるが海獣類との判断が可能な絵図が描かれている点で、近世の自然史資料としても価値が高いものと思われる。

●江戸時代のストランディング事例

　科博のデータベースをみると、アザラシの事例のほとんどが定置網などへの混獲、あるいは海岸への自然漂着や港湾内への迷入である。また当然ながら、本来の生息地に近い北海道沿岸でのストランディング事例が圧倒的に多いのだが、遠く小笠原諸島や、四国、九州、沖縄まで達した例もわずかにあり、今回の史料のような、新潟県を含む日本海沿岸の記録も散見されるので、事例は列島のほぼ全域と言っていい広範にわたっている。それらのうち、2024 年現在、科博のデータベースには江戸時代のアザラシの記録がつぎの 2 例しか掲載されていない。

＊1819 年（文政 2）閏 4 月　新潟県柏崎浜沖で漁師が捕獲――

　この事例は、スケッチが残されているものの写実性に難があり、あまりアザラシのように見えない。アゴヒゲアザラシとみられているが異論もあるという。当時の随筆家・山崎美成や、読本作家の曲亭馬琴らが編著した『耽奇漫録』（序文が美成によるものと馬琴によるものと 2 種類あり）という随筆にこの海獣図が 1 点ずつ掲載されているが、山崎美成の序文になる『耽奇漫録 四』の解説には、「文政二己卯閏四月上旬、柏崎浜ヨリ上ル、水虎ト申候、毛色ツヤアリ、跡足如尾（中略）寐タルトキハ尾ニ殊ナラス」（読点は筆者）と記されている。横たわっているときは後肢が尾の如しであると、尻尾のように後肢が後方へ伸びているアザラシ特有の形態学的な特徴について記している(28)。

＊1833 年（天保 4）7 月　愛知県名古屋市の熱田新田に迷入――

　この熱田新田（尾張）の事例はアゴヒゲアザラシで、地元の画家・浮世絵師で尾張藩士であった小田切春江の『海獺談話図会』(29)をはじめ、複数の色刷り版本や肉筆図が作製され、詳細な記録が残されている。そのほかにも本草学的な観察記録と精密な写生図が施された史料や、かわ

ら版なども存在する。腕のある絵師が描いたものが多く写実性が高いため、その姿や着色の仕方から、容易にアゴヒゲアザラシと判断できる。

　以上で、1819年の柏崎の事例は文献が豊富ではないらしい(30)。「水虎と申し候」とあり、江戸時代にはカッパなど水辺に住む妖怪のことを水虎と称したというが、この事例はアザラシで間違いあるまい。ただ、『耽奇漫録』掲載の海獣図（図版11）は、作画のスキルをあるていど持つ人物が描いたものだろうが、形態学的に奇異な箇所が多く、実物を見ながら写したと思えるような姿ではない。一見するとアザラシ以外の動物のように見えるし、頭頂部にある異物は何を描いたのだろうか(31)。

図版11　『耽奇漫録　五巻』に掲載された柏崎の水虎（海獺）

図版12　『見世物雑志』巻四に掲載された熱田新田の海獺

　そして、柏崎から 14 年後となる 1833 年の熱田新田の事例は、見物人が押し寄せる大きな話題になった。捕獲して見せ物にされ、名古屋の街中では人形や手ぬぐいなどが作られて販売された等々、便乗商売が複数みられたと前述の小田切春江の著書に記されている。タマちゃんやアラちゃんの出現時と似たような世間の反応があったらしい。版本などの刷り物や絵画資料がいくつも残されていることから、名古屋以外の地域へも情報や評判が伝わったと考えられる。捕獲されて陸に引き上げられ、小田切春江ら巧みな絵師たちに描写されたことによって、この熱田の事例が広く流布されていき、ヒレ状の前肢をもつアシカとは異なるアザラシの形態学的特徴が、実際の姿により近い絵図（図版 12）で世間に認識されていく、言わばはしりとなる出来事となったのではないか(32)。

　一方、「珍禽異獣奇魚の古記録」（磯野直秀、2005）という論文中の一覧表には、推古朝（西暦 593〜）の時代から近世最終年の慶応 4 年（1868、明治元年）までのあいだの、アザラシと確認できる事例として、つぎの6 件（記事は 7 点）が掲載されている。

　享和 1 年（1801）　アザラシ　常陸国で捕える（本草図説 25）

　文政 2 年（1819）閏 4 月上旬　アザラシ　越後柏崎で漁民が得る（耽奇漫録 9 集、本間 1991）

　天保 3 年（1832）11 月 22 日　アザラシ　筑前国糟屋郡箱崎浦で捕獲、長 5 尺余（博物図 12）

　天保 4 年（1833）7 月 2 日　アザラシ　尾張国熱田で捕獲、見世物に出す（名陽見聞図会 2 下）

　天保 7 年（1836）4 月 29 日　アザラシ　名古屋東寺町西蓮寺で、尾張国熱田で得た個体を見世物に出す（見世物雑志、名陽見聞図会 5 上）

　天保 9 年（1838）5 月　アザラシ　相模国辻堂に近い馬入川に 2 匹出現、長 5 尺。昼は付近の海に出、夜は馬入川に帰る（朝暾抄）

　天保 9 年（1838）6 月 17 日　アザラシ（上項続き）　辻堂で上記のうち 1 匹を捕え、23 日将軍家慶が江戸城で上覧、7 月初めより両国で見世物（泰平年表続編、海獣考）

天保9年6月の両国の事例については、あとの項でも少し触れる。科博のデータベースの2件もここに含まれているが、あとの4件はデータベース検索時の580件には含まれていない。この論文と科博のデータ以外に文献が見当たらなかったので、史学の分野でこれまでに知られている江戸期の事例はこの6件だけとみていいのではないだろうか。この論文にも江戸期以前の記録はひとつもないが、1800年代の初頭から天保期にかけてやや多くなっている点は興味を惹く。出没回数がたまたま多くなっていただけかも知れないが、当時の博物学の普及に影響され、都市部を中心として、未知の怪物ではなく面白い動物として見る目が世間に養われて見せ物としての受容度が高まり、記録に残る機会が増えた面もあったのだろうか。あるいはつぎの項で少し述べるような、近世の寒冷期と鰭脚類の移動との関連の可能性である。

　ちなみにこの論文にはラッコの事例も掲載されているが、北海道の松前藩にまつわる元和元年（1615）の記事と、文化4年（1807）の蝦夷ウルップ島（現・千島列島）での捕獲記事との2件しかない。推古朝以来の古い記録を通覧しても現代と同様に少なく、著者の磯野直秀氏は「セイウチやラッコの記録は意外に少ない」と、短い見解を述べている。前述した科博データベースの23件と合わせると、北海道以南でのラッコの記録は2008年8月15日に宮城県石巻市の笠貝島付近で確認された1件（1頭）だけである。新潟市水族館マリンピア日本海によれば、ラッコの本州沿岸への南下事例が僅少なのは定住性ゆえと考えられ、夏に北上し冬に南下する季節移動性のアザラシのほうが迷行する個体が出やすいのだろうとのことである。現代よりも江戸期のラッコの生息数が多かったとしても、やはり確率的には、定住性のラッコが新潟の沿岸まで下ってきて、さらに安部新村までおよそ21kmも遡上するという展開はなかなか想定しにくいのではないだろうか。

　ともあれ、上記のいずれの記事にも今回の雑記帳にまつわる情報は含まれていないので、今回の史料は知られていない新出史料とみていい。これをアザラシのストランディング事例のひとつと認定できれば、享和

元年（1801）の常陸（現・茨城県）につぐ古い記録となり、江戸時代としては7件目、新潟県では最古で1819年の柏崎についで2件目となる。なお、阿賀野川の流域に限った現代まで含めた事例としては、2012年12月19日にアゴヒゲアザラシが阿賀野川河口に現れて短期間滞在した例が1件だけ知られている。川上への遡上は確認されなかったらしい。近隣の信濃川の記録は見当たらず、2012年3月に河口から短距離の川上にオットセイの死体漂着記録が1件みられるだけである[33]。

　なお、蒲原郡を含めて、江戸中～後期の新潟の怪奇説話などを数多く掲載している『北越奇談』（文化9年〔1812〕刊）に、この海獣類捕獲の痕跡が含まれているかどうか通読してみたところ、「巻之五　怪談　其二」に、川に現れる黒く奇怪なものとして、「論瀬村古阿賀川に五尺ばかりの蛤蚧あり。（中略）其背鉄黒にして、頷の下朱のごとし。里人はからず是を見るときハ、蝮蛇なりとして」驚き病んだという、年月不明の記事が1件みられた。体長150cmほどで背の色は鉄黒、あごの下が朱色の蛤蚧（イモリ）と称するものについて書いている。論瀬村（現・五泉市）は安部新村からさらに3～4kmほど上流あたりだろうか。蝮蛇（大蛇）とも表現しているが、在来種のナマズの大型個体とアカハライモリの姿を混合させた誇張のようであり、アザラシや他の海獣類とはおよそ無関係と思われる。『北越奇談』には迷信や妄言めいた怪奇談が少なくないので、この記事が実在した生物についての口承かどうかも判然としない。なお、前記した鈴木牧之の『北越雪譜』にも動物や妖怪などに関する文章は多数含まれているが、海獣類に該当しそうな記録はみられない。

　ついでに言うと、もしかしたら国内各地に残るカッパ伝説などの奇説や絵画資料のなかには、河川に迷入・遡上したアザラシの姿を見た人たちによって、カッパと混同して伝えられたものもあったのかも知れない。実態を知る由はないのだが、今回の絵図がアザラシであれば、カッパ伝説の由来研究のなかに"遡上アザラシ説"という考え方も多少の現実味をもって入ってくる余地があるのだろうか。

●近世の気候変動の影響があった？

　今回の雑記帳の中には、「天保八丁酉年之事」と見出しのある、天保
8年（1837）4月27日付けの短い記事「口上書」の写しが含まれてい
るのだが（図版13。本書末尾に掲載の史料写真〔p.8〕）、これは江戸時代
後期の気候変動にともなう凶作の一現象を示すものかも知れない。もし
かしたら、当時のアザラシなど鰭脚類のストランディングと関連する背
景があるとも考えられなくはないので、文化2年の海獣の図よりも30
年あまり時代が下る出来事なのだが、少し取り上げてみたい。

　この口上書の訳文（釈文）は以下のとおりで、改行位置などは原文の
ままとした。

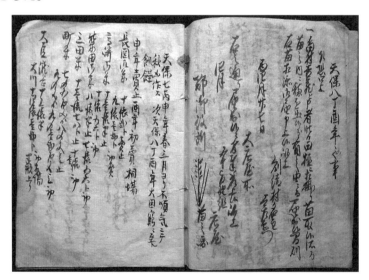

図版13　天保8年4月27日の口上書の写し（右頁）

　　　天保八丁酉年之事
　　　乍恐口上
　一、当村吉蔵と申者、昨日田植ニ相掛り、苗取候所ろ、
　　　苗之内ニ穂を出候分有之由ニ而届出候間、別

右苗相添御届申上候、以上、

則清村名主

太左衛門

酉四月廿七日

大庄屋所

右之通り届出候ニ付、奉差上候、以上、

四月　　　　　五十旨野組

庄屋

郡御役所　〔イラスト〕苗之図

　これはいわゆる天保の飢饉（1833〜37年。39年までとする説も）に関係しているとみられる記事なのだが、本文箇所を読みくだし文にすると、つぎのようになる。

　　恐れ乍ら口上。
　一つ。当村の吉蔵と申す者、昨日、田植えに相掛かり、苗を取りそうろうところ、苗のうちに穂を出しそうろう分、これ有る由にて、届け出そうろうあいだ、別に右の苗を相添え、お届け申し上げそうろう。以上。

則清村名主　太左衛門

　安部新村の近郊にある則清村（現・新発田市）の吉蔵という人物が、田植え用の苗から穂が生えているのを見つけ、それが郡役所に届けられたという、当時の気候不順によって生じたらしい地元ローカルの変事が記されている。最後の行の「郡御役所」と書かれた宛て名の下に苗のイラストが描かれており、実際の稲穂を口上書に添付して提出したという、その控えとして保存されていた文書からこの雑記帳に書き写したものであろう。わざわざ郡役所に届け出ていることから、当時の穀倉地帯でも稀な、あるいは奇異な事象だったと推察される。これ1回のみの、単発的な出来事だったのかどうかは分からない。則清村の名主太左衛門と五十旨野組（新発田藩の五十公野組の誤記）の庄屋の記名も見えるので、

安部新村を含むその周辺に暮らして地域の情勢にあるていど詳しく、口上書かその控えを閲覧・書写できる立場にあった人物によって、この雑記帳が書かれたであろうことを傍証する文面でもある。この口上書に続く左頁〔史料写真 p. 9〜11〕には、天保7年の春3月からの天候不順で同年の秋に凶作、翌年に「大困窮ニ至ル飢饉」になったとして、米や大豆など諸品の物価騰貴の記録も連記されている。

　そして天保の飢饉を含む江戸の四大飢饉は、近世全般にわたる長年の気候変動によって惹き起こされたとされているが、安部新村にアザラシとみられる個体が現れた1805年当時も含めて、江戸時代は総じて世界的な寒冷期のさなかにあり、一般に小氷期と称されている。特に、16世紀後半から18世紀後半にかけての北米やヨーロッパは有史最大の寒冷期にあったという。アルプス氷河が拡大し、それが低地へ流出したために村落が破壊され、畑地が消失して、村民たちに飢餓をもたらし、また港湾・河川の完全凍結などが起こった地域もあり(34)、凶作と穀物価格の高騰を招いて紛争や宗教戦争の起因にもなったと推測されている。

　日本では17世紀から19世紀中期ごろまで小氷期の影響が続いたとみられているが、飢饉が起こって多くの餓死者と疫病による死者を出し、農民が多く死ぬことによって穀物などの生産量が落ちてさらに食糧難をまねくという悪循環も生じさせた。天保の飢饉では、つぎの項で少し触れる大塩平八郎の乱を筆頭に、一揆や打ちこわしが各地で多発した。柏崎でも大塩の乱に連動する貧民救済の騒動が、平田篤胤門下の国学者・生田万らによって天保8年の5月末日に起こされている。この口上書の日付から1ヶ月ほど後に、桑名藩領の柏崎陣屋を襲撃したのだった。

　上記の稲穂が寒冷の影響で生じた変異だったかどうかは分からないが、こうした長期にわたる寒冷は陸海の動植物の生育や分布域にも徐々に変化を起こしたと思われる。小氷期が及ぼす影響はヨーロッパと東アジアでは諸々の相違もあったのだろうが、流氷の分布にも何かしらの影響を及ぼしただろうか。流氷は一般的にオホーツク海沿岸にサケやタラ、カレイなどの魚類を豊富にもたらすという。北海道の漁師によれば、流氷の多い年は漁獲が良いともいわれるらしい。近世当時、欧米と同じ北半

球の日本近海でも海水の温度が相応に低下するなどしていたとすれば、それが流氷を形成する南限位置を少しずつ下降させ、流氷の流出期間も長く遅くなり、食糧となる寒流系の海棲魚類も南下してアザラシたちの随伴を促し、現代よりもアザラシの生息域自体を南寄りにさせていたなど、当時の鰭脚類たちを南下させやすくする要因を作り出していたかも知れず、もしかしたら、江戸期以前の温暖だったとされている時代よりも北海道以南でストランディングが起こる（それが目撃される）比率を上げさせ、江戸後期のアザラシ出現の事例をやや増加させた可能性も考えられるのだろうか。おもに中部日本に残されていた日記類などの調査によって、1800年代の初めごろから1850年代までの列島中部にはしばしば寒い冬が訪れていたとする論文（水越允治、1993）もみられるので、まったく無関係だったとは言えないのかも知れないが、統計学的な記録のない近世のことであり、ほとんど想像の域を出ない。

　今回の個体がアザラシであれば、近世全般の寒冷を背景としてサハリン西岸あたりか、または宗谷海峡経由でオホーツク海域から千数百kmの海を越えて新潟県の沿岸へたどり着き、たまたま安部新村までやって来たものだったのだろうか。あるいは、前の項で記した9件の長距離遡上例のうち、その多くは地球規模の温暖化が進んでいるとされる現代の事例であるので、簡単に寒冷期と結び付けられる話でもないのだろうか。

　近世当時の気候と鰭脚類の動向との関係については海外の事例まで調査・比較しなければ分からないことではあろうが、果たしてそうした史料をどれだけ見出せるものか(35)。アザラシは種類によって生息域に違いもあるので、種類が分からなければ来歴の推測も簡単ではないのだろうが、ともかく近世の寒冷期とストランディングへの影響について、推論の体裁にもなり得ないような話だが、ちょっと触れてみた。

●史料の年月日の信憑性について

　雑記帳にアザラシとみられる海獣の記録があるのは、本書の冒頭にも
口絵写真を掲載した１頁目だけである。それを含めて各記事の内訳は、
掲載されている順につぎの９件となっている。各文末の〔　〕内は、雑
記帳の該当頁（本書の末尾に「史料写真」を掲載）である。

　　文化２年（1805）10 月 26 日付けの、阿賀野川上流域の安部新村へア
　　ザラシとみられる海獣類が遡上して鉄砲で射殺されたという、動物
　　の着色絵図入りの短文記事。〔p. 1〕

　　文化９年（1812）の年紀で、「太郎稲荷額奉納」と題して、青楼や色
　　里（遊郭）などの諸婦人を魚料理に例えた狂句の十九首の羅列と、
　　享和２年（1802）８月の京都常楽台の弘通にまつわる某氏作の短歌
　　一首。くだんの十九首には、上方古典落語の「魚づくし」（「魚の狂句」
　　とも）に出てくる句が多数含まれている(36)。どこかの神社に奉納さ
　　れた扁額、またはその控え帳などからの写しだろうか。〔p. 2～4〕

　　天保５年（1834）４月６日付けの、真雄という人物が前年の秋に考え
　　たと記す天保５年の気象予測で、五運六気の運気論に基づいて書か
　　れた文章。前年から始まった天保の飢饉に関連したものと思われる。
　　これも他文献からの写しだろうか。〔p. 5～7〕

　　天保８年（1837）４月 27 日付けで「乍恐口上」と題し、近世全般の
　　気候変動の影響かも知れない、田植え用の苗に穂が生えた記録で、
　　地元の郡役所に実際の穂を添付して提出した口上書の写し。〔p. 8〕

　　天保８年（1837）、前年からの凶作による穀物など諸物の価格変動を

記した短文で、「申年売止 酉年初売相場」として、長岡米、高崎米、柴田米（新発田米）、大豆、繰りわた、砂糖、油（種・魚）、半紙、鰹節、数之子、鯨、その他の相場の変化が列記されている。「申年（さるのとし）」は天保 7 年、「酉年（とりのとし）」は天保 8 年である。〔p. 9～11〕

天保 7 年（8 年〔1837〕の誤り）2 月 26 日付けで、大坂で起こった大塩平八郎の乱について、江戸幕府の老中・御用番の水野忠邦から発せられた通達と、乱の発生から鎮圧までの概要を記した大坂からの来状 1 通（3 月 1 日付け）の文章 2 点。いずれも写し。〔p. 12～15〕

文政 6 年（1823）11 月 15 日に、京都の東本願寺で起こった大火災について詳述した「東六本願寺焼失之略記」と題する記事。写しか。火災の経緯、前兆、世評、関連の漢詩文や和歌などを掲載。漢詩文と和歌の末尾には「文政第七甲申之暦」（文政 7 年）とも。雑記帳のなかでこれが最も頁数を割いた長文になっている。〔p. 16～32〕

嘉永元年（1848）3 月と年紀のある、龍谷寺務（西本願寺）釈広如（こうにょ）という僧（浄土真宗本願寺派 20 世宗主のことだろう）にまつわる長文の文書。写しだろう。無題。この文面はこれまでと筆跡がかなり異なるようなので、別人の筆で書かれたと思われる。末尾には「嘉永二年七月写文」とある。〔p. 33～37〕

年月日なし。阿弥陀堂や浄土、極楽などの語を多数含む短歌が数首書かれ、御製（ぎょせい）（天皇や皇族が作った詩歌）、光廣卿（江戸前期の公卿・烏丸光広（からすまるみつひろ）か）、太閤秀吉辞世（豊臣秀吉の句）などの付記がみられる。これも他の記述と筆跡が異なるか。ここは落書きめいた乱筆による書き込みになっているが、39 頁の 1 行目の文章が綴じ糸のある内側まで入り込んでしまっていることから、この冊子が反故紙を取って付けたような雑な体裁になっているのが見てとれる。〔p. 38～39〕

以上の9件が39頁（20丁）にわたってびっしりと記されている。最終頁は何も書かれていない。雑記帳というより年代記に近いものと言った方がよいのだろうか。海獣の遡上とはまったく無関係の艶めいた狂句集や、飢饉や火災などの変事・凶事が並び、他の文献資料からの写しとみられるものが多い。年月順に並べようとした意図はみられるが、前後している箇所もあり、文政6年11月の記事は急遽そこに追加したような感じも受ける。内容もバラついていて製作意図はよく分からないが、変事や凶事をいくつか掲載しているので、海獣の記事もまれな変事のひとつとして特筆されているとみれば違和感はない(37)。

　文化9年の狂句集の末尾〔p.4〕には「温菜鋤先生」（"女好き先生"と読ませる戯名であろう）、天保5年の五運六気の文頭〔p.5〕には「真雄（花押）」（花押とは今でいうサイン）という記名がそれぞれあるのだが、どちらも誰だか分からない。武家文書と思われる写しや、仏教関係の記事も含まれている点からすると、この雑記帳の著者は粋な文人趣向の教養人で、地域で一定の地位にあった武士、もしくは僧侶か学者か、学識を持つ豪農だった可能性などが考えられようか。東本願寺などにまつわる長文の記事が2点あるのは、著者が誰だったかを類推するうえでの注目点かも知れない。蒲原郡では戦国時代末期から江戸時代にかけて浄土真宗の信仰者が増えたという背景があり、真宗の東本願寺と西本願寺の記述だけで多くの頁数が占められているのはそうした影響の表れだろうか。

　前述したように、海獣類の記事自体は、絵図も解説文も描写が簡明でフィクションとは考えにくく、それ以降のもろもろの記事にも作り話的なものがみられないので、実際の出来事が率直に記録されたものとみていいだろう。ただ上記のとおり、雑記帳の各記事にみられる年月順のバラつきや、大幅といえるほどの年数間隔の開きなどをみると、出来事をそのつど書き込んでいた帳面ではあるまい。そして天保7年（8年の誤り）の、大塩平八郎の乱に関する水野忠邦の通達の年紀のまちがいは、海獣記事の年月日の信憑性にも多少の疑念を生じさせないだろうか。

　まず水野忠邦が発した通達の写しは、史料写真〔p.12〕のとおり冒頭に「天保七丙申年」と見出しが書かれているのだが（図版14）、大塩の

乱は翌天保8年の2月に勃発したので、この「七」は八の誤りである。そして丙申（ひのえ・さる）は天保7年の干支であり、8年の干支は丁酉（ひのと・とり）なので、本来なら「天保八丁酉年」という見出しにするのが正しい。また、この通達に続けられている大坂からの来状1通の写し〔p.15〕は、最終行に「申ノ三月朔日」と日付が書かれているのだが、乱の経緯が即時的に記されて翌月早々に送られた文面とみられるので、これも申（さる）ではなく翌年の酉（とり）、つまり「酉ノ三月朔日」と記されるべきものだった。

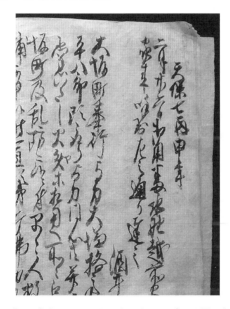

図版14　水野忠邦からの通達の写し（冒頭部分〔p.12〕）

　前掲した稲穂に関する天保8年の口上書〔p.8〕にも「酉四月廿七日」とあるとおり、江戸時代の人たちは、文書や日記などの日付にしばしばその年の干支（十干と十二支。特に十二支）を書き込むことが習慣として多かった。もしこの雑記帳の記事を、変事や凶事が起こるたびに随時、もしくは少なくともその年のうちに書き込んでいたのであれば、「天保八丁酉年」の2月に起こった出来事を、前年の「天保七丙申年」や「申ノ三月朔日」などと、2ヶ所も書きまちがえるだろうか。そう考えると、大塩の記事もそのほかの記事も、後年に他の複数の文書記録から、とりわけ奇異な出来事ばかりを寄せ集めてランダムに書き写したものであり、

それゆえ年紀が誤っている箇所があり、年数間隔も大きく開き、年月順も前後しているところがあるのではないか。そして海獣の記事もじつは「写し」で、後年に原図と文面を見ながら書き写したものであり、この雑記帳の著者本人が海獣の実物を見ながら描いたのではなかった可能性があるのでは、という話にもなってくる。

　絵図に下書きらしき跡がみられないのは、原図から透き写し(38)を行なった可能性も示唆しているのだろうか。後肢が奇異な形になっているのは、この部分だけが粗雑な描写の印象もあるので、原図が古く、該当箇所が虫食い等で破損していたため正確に写せなかったなどの事情も想定できなくはない。

　それらの点は、前述したとおり、解説文の5行目末尾にある「者（てへり）」が、解説の全文が他の文書記録からの写しか、誰かからの伝聞であることを示している可能性とも符合してくるように思える。4尺斗（ばかり）とやや曖昧な書き方になっている体長も、実測ではなく目測だったと考えることができ、この行だけ墨が薄くなっている点は、写しに使った原図に寸法の記載がもともとなく、かつて海獣の実物を見た地元の誰かに聞いてあとから書き足したなどの経緯も推測できるのかも知れない。そうなると、約120cmという体長には多少の誤差も想定され、奇異な出来事ほど伝聞がやや過大になりやすくなる傾向も考慮に入れた方がよいのだろうか。実物を見た人の記憶が多少とも誇大化されてしまうのはあり得ることで、絵画資料にしばしば誇張が盛り込まれやすく、多少とも信頼性に欠けるのは、古今東西に共通の話でもある。

　そして、10月26日（新暦換算で12月中旬）という日付が、たとえば実際は「十二月」だったのを十月と書きまちがえていて、本当は12月26日（新暦では翌年の2月中旬に当たる）だった可能性なども考えられないかと、「文化二丑年」という年紀も含めて、年月日の信憑性がやや疑問に思えてもくるのである。2月中旬なら、産後あまり期間を経ていないアザラシの幼獣で体長も実際は100cmに満たなかったのかも知れないなど、こじつけ的な類推につなげてみたくもなってくる。

　こうした若干の疑惑も含めていろいろと考えてはみるものの、いずれ

も想像の域を超える話ではない。とはいえ、この動物の出現が架空のでっち上げだったとは想定しにくく、実際に現れたもので、安部新村まで遡上したアザラシだったという推論は的外れではないと考える。その上で、追加史料が今後発見されない限りは、とりあえず文化2年（1805）10月26日の出来事で、体長は4尺ほどだったと文面どおりに受け止めておくしかない。この体長に関しては、口吻から尾の先端までのことだったのか、後方に伸びて閉じられていたはずの後肢の先端までのことだったのか、という疑義も湧いてくるところではある。もし後肢の先端までなら、実際の体長は30cmくらいの誤差で短くなりそうだが、絵図の姿に準じて、おそらく尾の先端までの寸法だったと考えておいていいのではないか。

　また、もし嘉永元年（1848）3月の釈広如に関する記事〔p. 33〕と、おそらく最後の頁の短歌とが、ともに〔p. 32〕までとは別人の筆によるもの（著者の死後に家族の誰かが書き足したなど）だったとすると、この雑記帳は天保年間の末から嘉永の初頭までという、幕末期にまとめられたとも推測できようか。

　いずれにせよ、この絵図が文化2年の10月当時に描かれたオリジナルではなく、かなり後年の写しだった可能性は考慮しておくべきだろう。この絵図の原図に該当する史料がもともと存在し、破損などによってすでに廃棄されてしまったか、もしかしたら、今でも蒲原郡のどこかの旧家の蔵に人知れず眠っているのかも知れない。あるいはこの雑記帳と同様、すでに骨董市場に出されて、どこかの好事家の手元にひそかに保存されているのだろうか。今後の展開を待ちたい。

●怖い生き物に見えた？

　本州の沿岸にアザラシなど北極海域の鰭脚類が出現するケースは古来少なく、それが河川を内陸まで遡上するのはさらに稀有な出来事であっただろう。しかし、現代のように見物人たちから穏やかに見守られ、危険な状態に陥れば手厚く救助され、タマちゃんのように特別住民票をつくるような一興が講じられる環境は少なかったようで、江戸期から昭和初期、すなわち近世から近代までのアザラシのストランディング事例を通覧すると、捕獲されて為政者への献上品にされたり、見せ物興行に出されて金儲けに使われた挙げ句に死んだり、漁業被害を受けたため地元漁師たちに駆除されたり、河川の迷入先で猟友会に射殺されたりというケースが散見される(39)。他の海獣類も含めて、記録に残らなかった場面では石を投げつけられるなどの迫害を受けたりもしただろうか。

　今回の史料もしかりで、私たちの目には近年流行りの"ゆるキャラ"のような愛嬌を感じさせる絵図にも見えるが、射殺という悲運に遭遇したケースだった。北極海のどこかからはるばる流されて来てたまたま日本の内陸に迷い込み、突然射殺されたのだとすれば切ない話だが、そんな旅路を当時の日本人たちは知る由もない。序文で書いたように、現代であれば阿賀野川の「アガノちゃん」とでも名付けられ、21kmも遡上してきたとなればより注目度が高まって、見物人やマスコミが集まって見守られる人気者になったのだろうが、結果は逆だった。

　江戸期の佐渡島の記録をみると、アシカやトドを捕獲して打ち殺し、皮を剥いで売却したとか、江戸へ毛皮を送ったなどの記事が数件みられ、捕獲した海達（海獺であろう）を料理して奉行に差し上げたという明和6年（1769）の記録もあるという(40)。佐渡の沿岸のような海浜地域と安部新村のような内陸の農村地域とでは、海獣類に対する認識や慣れに少なからぬ差があったことは想像に難くない。海獣類があるていど知られている地域なら、食用や毛皮としての利用など対処が難しくなかったの

だろうが、安部新村や近隣地域にはそういうことに腕や知識のある人がいたかどうか。現地の人々がアザラシもその他の鰭脚類も存在すら知らなかった可能性は考えられよう。『北越雪譜』には、魚沼郡のきこりが山中で捕えた白毛の子熊（アルビノか）を江戸の香具師（露天商）が買い取って見せ物にしたというエピソードもみられるので、もし江戸や大坂で鰭脚類の見せ物興行を観たことのある人が地域にいれば、生け捕って見せ物に活用しようという発想も生じたかも知れないが、そのように扱われた形跡は見当たらず、関連しそうな文献は今のところない。

　山間部の猟師のように熊狩りの技法を知る人などがもし安部新村かごく近辺にいたとしても、熊の扱いとは少し勝手が違ったかも知れない。約120cmという紡錘状の体型なら、水族館で飼育されている個体を見てもけっこう大きいので、現代人より平均的に小柄だった江戸期の人たちにはより大きく見えたかも知れない。阿賀野川で獲れる鮭に90cm超クラスの大型個体がいたとしても、それよりもずっと太くて大きく見えたであろうし、ニホンカワウソやオオカミとも姿が違うとなれば、そのようなものが川から突然上がってきて、迂闊に接近できない怖さゆえに、魚槌（なづち）で鮭を打撃するような漁師の技ではとても対処できず、鉄砲を持ち出して撃つしかなかったとも想像される。無傷で生け捕ろうなどとは思いもしなかったかも知れない。射殺までの経緯は分からないが、扱い方が分からず恐れや動揺に駆られながら行動した結果だったという想像は無理なことではない。アザラシの歩行動作は他の陸棲哺乳類とかなり異なり、間近なら素早くも見えるので、初めて見る者には驚きを与えただろう。

　『北越雪譜』や『北越奇談』に掲載されているさまざまな記事にもあるように、妖怪めいた迷信に囚われて未知のものに恐怖を感じる、あるいは疫病の予兆や祟り、神罰などに関連づけて不安になりやすかった庶民は、1805年当時も少なからずいたであろう。実物を見た際に可愛いとか面白いとは認識されなかったかも知れない。イモムシのような独特の動きで素早く這い、鋭い犬歯を持っていて、野太い咆哮を発することも、近づく者に瞬時に嚙みつく素振りを見せて威嚇することもある。そうした姿から、得体の知れない、怖くて無気味なものと映り、それで速

やかに射殺にいたったというような光景は思い浮かぶ。

　江戸後期の日本は目覚ましいほどの蘭学の発展期となった。前記した平賀源内による『動物図譜』の入手や、彼の知友の杉田玄白らによる蘭書の解読・出版がその先駆をなしたが、そこから、それまで中国から得ていた本草学の知識が、長崎の出島経由で流入した西洋科学に影響された博物学へと徐々に移り変わっていった。そして学者や富裕な好事家だけでなく、庶民にも少しずつ情報と理解、興味が広がり、博物学ブームの様相を呈していった時代だったのだが、1805年ごろの蒲原郡の農村部ではまだ、学問としても娯楽としても、未知の生物を受容できる近代動物学的な知見があまり及んでいない過渡期かその前段にあったのではなかろうか。

　当時はアザラシに「水豹」「海獺」「海豹」などの表記が宛てられ、ラッコを含めて他の鰭脚類と重複・混同して使われていたようだが、平安時代中期に歌人で学者でもあった 源 順（みなもとのしたごう） が編纂した辞書『和名類聚抄』（わみょうるいじゅしょう）（承平年間〔931〜938〕成立）の巻第十八・毛群部に、「水豹　文選西京賦云、搵水豹〈和名、阿左良之〉」と書かれている。水豹の表記とアザラシという和名があり、水豹は上代に日本へ伝わった中国の古典詩文集『文選』（もんぜん）の西京賦に由来すると説明している。『和漢三才図会』（1712年成立）巻第三十八、貝原益軒の『大和本草』（やまとほんぞう）（1709〔宝永6〕〜1715〔正徳5〕年刊）巻之十六、そして1802年に没した木村蒹葭堂の遺稿集『蒹葭堂雑録』（けんかどう）（1859〔安政6〕年刊）巻之三にも、『和名類聚抄』と同じ表記と和名が踏襲されており、水豹という表記は上代から、そしてアザラシの呼称は少なくとも平安中期以前から国内で長く続いてきた名称であることが分かる。

　しかし、これらは学術書であって娯楽本ではなく、一部の有識者や富裕層以外の庶民が読む機会は稀だったと思われる。また、『和名類聚抄』『大和本草』『蒹葭堂雑録』はいずれも解説文だけで写生図の掲載がなく、先に述べたとおり『和漢三才図会』のアザラシは実物とかけ離れた姿をしているので、安部新村やその近辺に限らず、1805年ごろはまだ他の各地でも人々がアザラシの写実的な絵図を目にする機会はほぼなかった

のではなかろうか。ちなみに前記した中村惕斎の『訓蒙図彙』（1666年）には、アザラシの記事自体が掲載されていない。同書の二十巻には「海獺（かいたつ）」と表記された記事と絵図があるものの、描かれている動物は前肢が大きなヒレをなしていて、アシカそのものという姿である。アザラシについて正確に知り得る媒体が当時あったとは考えにくい。

　雑記帳と時期が近い文化11年（1814）から刊行が始まり、のちに幕末維新期にかけてロングセラーとなっていく葛飾北斎の『北斎漫画』三編（図版15、左図）と十四編（同、右図）にも、ニホンアシカをベースにしたと思しき海獣の図版がみられる(41)。どちらも「水豹」と題し、左図は人魚やカッパなど存在不明の奇獣の数々と並べられ、前肢が大きく後肢は短小、耳介が突き出ていて尾がかなり長い。右図には3頭いて前肢が魚の胸ビレのような放射状の鰭条（きじょう）をなし、長い尾と横長の眼、そして人間のような耳介が描かれている。全身にほどこされた斑紋は三編からの進展と言えそうだが、3頭とも後肢らしきものがみられない。

図版15　『北斎漫画』の水豹（すいへう〔左〕／あざらし〔右〕）

　どちらもアザラシの実像には遠いと言わざるを得ないが、『動物図譜』などの学術書とは異なる趣旨で作られた画集であり、おそらく北斎自身

も含めて、一般的にまだ実際の姿をあまり知られていなかったであろう各種鰭脚類に対する、当時のイメージのひとつが複数の動物の姿と混成的に表現され、絵師の教本や庶民の娯楽本として全国に伝播していったものと思われる。江戸後期から以降、とりわけ天保年間ごろの寺子屋の増加と庶民の識字率の上昇、蘭学の発展に並行して、そうした版本や浮世絵、かわら版、そして『蝦夷日誌』などのような書籍が幕末維新期にかけて次第に流布され、アザラシも含めて海獣類への現実的・科学的な認識も、事実誤認や娯楽的な創作イメージを追いかけながら少しずつ広まっていった、というのが大筋の経緯としてあったのではなかろうか。

　雑記帳の絵図をスケッチしたのは一定の教養や学識を持つ人だったと思われる。アザラシという名と漢字表記はかなり古くからあったが、絵図には水豹や海獺などの名前が記されず、説明もごく短い一文に留まって海棲生物を想起させるような語彙がまったく含まれていないところをみると、呼び名も含めて、知識にもイメージにもまだ接したことのない人たちの前にこの海獣が現れたため、海から来たという理解や推測も及ばず、カッパなどの考えとも結び付かず、単純に書ける情報がこれくらいしかなかった、ということだったのではなかろうか。そして地域を越えて話題や騒ぎになった形跡も今のところ見当たらず、同時期に活動していた『北越雪譜』の編者・鈴木牧之ら、地域の著名な文人たちにもこの情報は伝わらなかったと考えられるので、見慣れない生き物に驚き恐れてすぐさま駆除・処分し、地域にたまたま住んでいた絵心のある文人タイプの人物によってこの記録がひそかに残されただけで、その情報がどこかへ伝播される機会はなかったという顛末だったのだろうか。

　あるいは、捕獲するまでは怖かったものの、捕えて近くでよく見てみたら、体長が同じくらいで毛並や顔つきがあまり大きな差のないニホンカワウソの、太めの変わり種ぐらいにしか思わず、さして騒ぎにもならないままあっさりと処分したということだったのだろうか。死んでまったく動かなくなった姿を落ち着いて見てみれば、化け物のような異物やおぞましい姿に映るわけではなかったようにも想像される。

●どのように死体を処分したのか

　そして、死体の処分について推測できる文面も雑記帳にはない。無気味がってさっさとどこかに埋めて、塚も造らずに終わっただけかも知れないが、あるいはそのまま川に捨てたのだろうか。しかし長期的な寒冷も影響して、四大飢饉が起こるような食糧に余裕がない時代の農村部の出来事でもあり、「もしかして食べたのでは？」という発想もあるだろうから、ここで参考までに江戸時代の肉食文化について触れてみる。

　かつて第二次世界大戦後の昭和期にテレビや映画で流行った時代劇の、食事のシーンなどが少なからず影響したと思われるが、江戸時代の人々、とりわけ一般庶民の食生活は、質素な一汁一菜や麺類、魚介類ばかりで、獣肉は食べていなかったようなイメージが一般的にはあった。しかし前記したような、佐渡で捕獲された「海達」（海獺？）が奉行の食膳に供されたという明和6年（1769）の例にも見えるとおり、地域差などはあったかも知れないが、江戸時代の人々は動物の肉をあまり違和感なく食べる機会が、多少とも、あるいは少なからずあったらしい。

　日本では江戸期よりずっと以前、稲作が普及する弥生時代後期から獣肉食を避ける萌芽があったとも言われるが(42)、具体的には、仏教の一般への普及・浸透によって殺生禁断の教えが広まったとする説がある。明確な文献としては、幕末の儒学者・寺門静軒の著作『江戸繁昌記』初編（天保3年〔1832〕刊）の「山鯨」の部（山鯨は鹿などの獣肉の異称）にも紹介されているように、「天武帝四年、天下ニ令シテ始テ獣食ヲ禁ス」と、天武天皇が日本で初めて肉食禁止令（『日本書紀』675年〔天武4〕）を出した記録があり、仏教を保護・推進した天武天皇の時代から獣肉食の禁忌が公に広められたとされ、その歴史は古い。

　そして、はるか千年ほど後である徳川時代、「生類憐みの令」で知られる五代将軍綱吉の治世に公布された御触れ書（元禄元年〔1688〕ほか）には、「食穢之事」として、

一、羚羊 狼 兎 狸 鶏　五日

一、牛 馬　百五十日

一、豕 犬 羊 鹿 猿 猪　七十日

一、二足は前日の朝六ツ時よりたべ申すまじく候、玉子は魚に同じ

（以下略）

という忌憚事項が掲げられている(43)。「羚羊」はカモシカ、「豕」は豚、「二足」は鳥のことで、「朝六ツ時より」とは午前6時ごろ以降である。これらを食べた者は身が穢れるので、上記の日数、寺社への参詣を禁じるというものだ。牛馬は大型で農耕や物資の運搬にも使われる重要な家畜だったためか、半年ちかい150日と禁止期間が長く設定されていた。

　こうした記述は、江戸期になっても為政者や寺社の関係者を中心に獣肉食を禁忌する基本姿勢が続けられていたことを示しているが、同時に、食べること自体を禁止してはいないので、当時の人々にこれらの肉が食されていたことが窺われる文面でもある。実際、武士階級から庶民層まで、大型動物も含めて獣肉を食していたことを記す江戸期の記録は複数みられる。上記した「山鯨」は、当時、魚の一種と考えられて食べることを避けられていなかった鯨に名を借りて、獣肉への禁忌をカムフラージュしようとする造語だったという。無論、都でも僻村でも当時の人々が、くだんの御触れ書や禁忌の慣習をみんなで几帳面に守っていたとは思われない。「生臭料理」や「生臭坊主」などの古い言葉もあり、戒律で獣肉を禁じられていた僧侶の中にも食していた者たちがいたので、普通の庶民ならなおさらだったのではなかろうか(44)。ちなみにだが、雑記帳にある天保8年の「申年売止　酉年初売相場」〔p.11〕に、「鯨 七貫五百匁ゟ八貫匁」とあり、鯨の価格変化が記されている(45)。

　日本国内では古来、獣肉食を禁忌するのが表向きはセオリーとなっていたが、「薬食」などと称して療病の目的で食べ続けられ、『日本書紀』の時代から幕末維新期まで途切れることはなかったらしい。江戸時代には肉料理を提供する店が各地で徐々に増えたようで、繁盛していたこと

が窺われる江戸後期の記録も残されている。そこには、牛・熊・イノシシ・兎・鹿・鳥などが食材として見えており、現代では絶滅したとされているオオカミとニホンカワウソも含まれている。たとえば、寛永13年（1636）から刊行されたとされる料理本『料理物語』には、食材として「海乃魚之部」に鯨やイルカといった海棲哺乳類が見えるのを筆頭に、「鳥乃部」には鶴・白鳥・雁・鴨など、「獣之部」には鹿・狸・猪・兎・カワウソ・熊・イヌが列記されている。料理名も狸汁、鹿汁、ゆで鳥、雉の刺身などと多彩に掲載されていて、「飲食之慎」として「自死のものの肉を食すれは疔瘡を生する也」という食中毒の注意書きがあり、「合食禁」として「うさぎとかはうそと同食すべからず」といった、食べ合わせの悪いものまで数々列記し、食用上避けるべき行為のさまざまな注意書きも記している。こうした経験値を踏まえた著作物が版本化されており、一定の冊数が世に出たとみられる。肉類を禁忌する観念が強かったとされる江戸中期、すなわち雑記帳の絵図が描かれたずっと以前の時代においても、国内で獣肉食がまったく秘密裏の食文化だったわけではなかったことが窺える。

　前記した『江戸繁昌記』にも、食材として「猪・鹿・狐・兎・水狗（カハオソ）・毛狗（オ丶カミ）・子路（クマ）・九尾（カモシカ）・羊」などの獣類が「山鯨」の部に記され、ほかにも獣肉食に関する文献は複数あるが、それらのうちの注目点は、まず『本朝食鑑』巻之十一（元禄10年〔1697〕）の獣畜部に、牛・熊・猫・鹿・狼・狸などと並んで「葦鹿（アシカ）」と「膃肭臍（オットセイ）」の海獣類がみられることで、葦鹿については［集解］と題する項に、「奥之南部、津軽、松前、及蝦夷」（奥の南部〔福島〜宮城か〕から青森、北海道）の海にいて、「土人、以鋒刺之」（鋒を以て之を刺）して煮食し、味はやや佳、「豆・相・房・上総之海浜」（伊豆から千葉あたりの沿岸）にも稀にみられると記している。膃肭臍については［集解］に、「奥之松前海上」と「南部津軽海上」にいて、生食は美味で脂が多く、「陰痿、精冷、腰痛、脚弱、小便頻数」などと食養生の効能についても記している。いずれも北海道や東北あたりで漁師に捕獲され、通常の食材や、病人や老人たちの滋養強壮の薬食にしていたのであ

ろう。これらにはアザラシの名がみられないが、『松前志』巻之四　禽獣部（天明元年〔1781〕成立）には「膃肭獣、海獺、海豹」とあり、蝦夷地（現在の北海道）の産物としてアザラシ（海豹）についての解説が長文で記されている。これらの文献には、当時のアシカ・オットセイ・アザラシのおもな分布域や移動範囲の差が端的に表れているように思われる。

　また、江戸後期の儒者・松崎慊堂の『慊堂日暦』という日記の、天保6年（1835）3月7日の記事に、「岡為吉来り、笠原生が饋（おく）りしところの膃肭臍肉二片を致す」と記されている点である(46)。慊堂が住んでいたとみられる天保期の江戸では決して日常的によく目にする食材ではなかっただろうが、江戸においてもオットセイの肉を食することが、儒学者を含めて一般人に疎まれていなかったらしい様子が分かる。むしろ、稀少な食べ物として珍重されたのかも知れない。オットセイを獣肉ととらえていたのかどうかよく分からないが、「笠原」という人物はどこからオットセイの肉を入手したのか。江戸湾で捕獲されたなら見せ物にもされ、何らかの記録に残りそうなものだが、前述した科博データベースなどには天保6年3月ごろのオットセイのストランディング記録は見当たらない。東北あたりで捕獲され、塩蔵か乾物にされた肉が運ばれて、たまたまその一部が松崎慊堂の手に渡ったのかも知れない。

　江戸後期から幕末にかけて、『北斎漫画』のような絵画の普及や蘭学の進展、見せ物として海獣類を目にする機会が増えていった学芸分野の流れとは別に、それよりずっと以前から、もし都や僻村を問わず少なからぬ人々がアシカやオットセイの肉を食するのをさほど特異なことではないと思っていたとすれば、アザラシの肉を入手した時に、とりわけ海沿いに暮らす人々は、姿がよく似ているアシカやオットセイと同類とみなして何ら抵抗もなく食材に使ったとしても不思議ではない。動物形態学が大幅に発達し、水族館も各地にあって、写真や動画で実物の姿をいくらでも見ることができる現代でも、アシカやオットセイとアザラシの区別がよく分からない人は多い。江戸期はなおさらだったのではないか。

　文化2年（1805）当時、蒲原郡の内陸の農村部で食肉文化がどれほど根付いていたのか、史料が乏しいため詳しいことは分からない。前述した

とおり、戦国時代末期以降の蒲原郡では浄土真宗を信仰する庶民が増え、浄土真宗は戒律で獣肉食を禁じていない宗派だったのだが、それはまた別のことなのだろうか(47)。ただ、新潟市歴史博物館みなとぴあのご教示により、近世の同地域では鳥猟が行なわれて鳥が食材に使われていたらしいことと、兎も食されていた可能性があることが分かった(48)。そうだったとすれば、食の対象が鳥と兎のみにきっちり限定されていたとも考えにくいと思われるので、常食していたかどうかはともかく、さほど几帳面に肉を忌避していなかった世間並みか、それに近いくらいの獣肉食の環境が、蒲原郡の農村部にもあったのではなかろうか。四大飢饉の深刻な困難も含めて、慢性的に豊富な食糧を得られなかった近世の庶民が、獣肉をまったく避けながら空腹を乗り切る余裕があったとは想像しにくい(49)。

　安部新村の死体は無気味なものとして手を付けず、祟りなどの後患を憂いてどこかへ埋葬するなどしたのかも知れないが、射殺するまでは見覚えのない生き物という怖さがあったとしても、動物性タンパク質の摂取の機会がそう多くはなかったであろう近世農村部の生活環境下では、ニホンカワウソなどの他の獣肉と変わらないものとして、あまり抵抗感もなく地元民たちが分け合って賞味した、という可能性もないとは言えないように思われる。もし、すぐ呼び寄せられるくらいの近隣に４尺ほどの哺乳類なら難なく取り扱える猟師が住んでいたとすれば、そのまま猟師に引き渡しただけで終わったのかも知れない。他の獣類を捕獲・解体する手順と大して変わらない対処を経て、猟師仲間の胃の中におさまったか、乾物などの保存食や毛皮に加工されたという経緯も考えられようが、現状、あくまですべて想像の話に過ぎない。

　最後に、天保４年（1833）に尾張の熱田で、そして天保９年（1838）に相模国の辻堂でそれぞれ捕獲されたアザラシに再度触れておくが、『見世物雑志』巻之四に掲載されている記録の末尾に、熱田新田のアゴヒゲアザラシについてつぎの五言詩が添えられている。

　　　住海非鱗虫　　惣身与獣同
　　　眼如慈界子　　髭似黙斎翁

誤入新田水　　難還故国沖
可憐終羅網　　困苦小船中

　まず前半の意訳としては、「海に住んでいるが鱗のある生き物ではなく、全身の姿は他の獣類と同じ。眼は慈愛の世界の人士のようで、ヒゲは黙斎翁(50)に似ている」といったところだろう。著者には、慈しみを湛えたような瞳をしている動物という好印象に映っていたらしい。

　転じて五句目からは、「誤って熱田新田の水域に迷い込み、ふるさとの沖に帰ることができず、憐れにも網で搦めとられて、小船の中に囲われて困苦していた」と書かれ、不運な経緯を哀れむ詩になっている。小舟の中に水を張り、胴体を縄で縛ってアザラシを入れていたようである(51)。天保期のこの事例からは、市中で見せ物にされていずれ絶命にいたる末路に慈悲の眼差しを向ける人が多少ともいたことが推察される。そして、二句目では他の獣類と姿が同じだと記しているので、詩の作者はおそらく実物を見るのが初めてだったのだろうが、彼にとってこのアザラシは得体の知れない無気味な奇獣ではなかった。熱田新田のこの一件は当初、海に帰そうとする新田主と、見せ物にしようとする捕獲した漁師たちとの間で訴訟となり、結局は見せ物にされたのだという。

　そして、天保9年5月に相模国に現れ、6月から江戸の両国で見せ物にされたアザラシについても、千葉貞胤の『海獣考』という冊子に、「おのれ、こたびのけものを見るに、よく人のことばをきゝわけて、うなづけといへばうなづき、よこざまにといへばよこになりつ、そのおもてのやさしげなる…」などと、著者が実際にこのアザラシを見て、犬とたわむれるかのようなやり取りをしたらしく、その面相の優しげな様子について記していて、怖い生き物という感想にはなっていない(52)。

　これらより30年くらい前の安部新村の人たちの目にも、捕えてみれば普通の身近にいる動物とあまり変わらないものに見えていたのだろうか。それが食糧にする抵抗感を起こさせず、熱田や両国では一部の人に慈愛のヒューマニズムを抱かせるという、動物に対する現代人と変わらない対比を生んでいたかも知れないが、これも想像のついで話である。

●おわりに

　以上、今回入手の雑記帳について、冗長の愚も省みず、アザラシを想
定しながら思い付くままに考察を試みた。この雑記帳はのちに版本化し
ようとの考えで書かれたのではなく、おそらく私的な覚え書きのような
ものだったのだろう。この史料から得られる博物学的な情報は乏しいが、
幸い雑記帳の著者に一定の写実的な画力があり、絵図と解説文に妖怪じ
みた誇張や装飾、妄言などが特にみられないことから、後世のプロの絵
師による肉筆画や西欧の博物図譜の描写力に及ぶものではないとしても、
ある程度リアルな情報をもたらしてくれているのではないか。
　上記してきたとおり、白黒の紋様の不思議や、後肢のかなり不自然な
異形など、アザラシの絵図だと言い切るには払拭しにくい疑問点もあり、
これがオリジナルでなく幕末期に古資料から写したものであるなら、傍
証となる二次資料が何もない現状で、そもそも「本当に文化２年の出来
事なのか」と疑問を呈する余地もおそらくあるのだろう。「本当にアザラ
シ？」という観点も含めてだが、それらについては、今後の各分野の諸
賢の考察や追加史料の発見にゆだねることとし、本書のまとめとしては、

・架空の動物画や、版本からの模写・模倣ではなく、実際に安部新村
　に現れた動物をスケッチしたものとみていいだろう。
・アザラシだった可能性が最も高いと考えられ、おそらく未成熟の個
　体だったのではなかろうか。
・ウイルス性の脱毛で黒い皮膚が体表面の広範にわたって露出し、そ
　れがコントラストとなって"白っぽく"みえる体毛が、部分的に生
　え残った個体だった可能性も考えられる。
・文化２年当時に描かれた原図ではなく、幕末期に原図から雑記帳へ
　写し取られたものだったのではなかろうか。

と見ておきたい。そしてアザラシだとしても、種類については推測困難なのだが、科博のデータベースにみられるように、もしかしたら、「ストランディング事例が最も多く、本州への南下件数も多く、皮膚が黒く、全身が乾けば体毛が白っぽく見えなくはないゴマフアザラシだったかも知れない」という、不確かな推論をもって締めくくっておく。いずれにせよ、全国的に、もしかしたら海外も含めてなかなか類例のない珍しい史料と言っていいのではないだろうか。

　　——なお、今回の調査に当たっては、アザラシなどの基本的な生態や形態について新潟市水族館マリンピア日本海からご教示を頂戴したのだが、同館の山田篤氏は私からの数々の質問にいつも丁寧にご返答下さり、海獣類に知識の乏しい私の推論や想像があまり的外れな方向にずれないようアドバイスをして頂いた。また、新潟市歴史博物館みなとぴあの安宅俊介氏からも関連史料に関する情報など、数々の丁寧な助言を得て救っていただいた。2023年の初冬には、みなとぴあとマリンピア日本海の両施設におもむき、残念ながらお二人とも休暇だったため面会は叶わなかったが、展示物を見学していろいろと知識を得た。そして柏崎市立博物館からも、柏崎沖で文政2年に混獲された水虎（海獺）に関する貴重な文献情報がもたらされ、助けられた。

　図版の掲載をご了承下さった各施設や、調査にご協力下さったその他の方々、さらに出版を手がけて下さった新潟日報メディアネットも含めて、ここに謹んで感謝申し上げたい。

　そして本書の刊行に先立ち、この雑記帳は、旧・安部新村を地元とする新潟市歴史博物館みなとぴあに2023年10月31日付けで書類を送付し、寄贈の運びとなった(53)。史学の研究者たちを擁する公共施設で、さらに高度な調査・研究・保存・展示の有効な資材になっていってくれれば幸いに思う。

　　2024年6月9日

【注】

(1)　Yahoo オークション（入札開始 2021.9.15、落札 2021.9.20）で入手したもの。出品したのは古物商関係者とみられる新潟県の在住者。

(2)　東京の国立科学博物館のサイト内にある「研究員紹介」（田島木綿子研究員）の解説によれば、ストランディングは一般的に海棲哺乳類が生死を問わず海岸に到達し、自力で対処できない状態になっていることを称するという。おもな内訳は、

　　ストランディング（座礁）：生きたまま海岸に乗り上げて動けない

　　ビーチング（漂着）：死体が海岸に打ち上がった状態

　　ライブストランディング（生存漂着）：動物が生存している

　　デッドストランディンク（死体漂着）：動物が死亡している

　　迷入：本来の棲息地をこえた場所で発見される

　　混獲：漁具などにかかった状態

となっている（2023 年 5 月 5 日検索。一部筆者が省略した）。

(3)　アザラシには耳介がなく、小さな穴が丸く開いているだけで、その周囲の毛や皮膚が陽光を受けると光輪のように見えることがある。アシカとオットセイには小さな尖った耳介が飛び出ており、アザラシと見分ける際の特徴のひとつになっている。ちなみにアシカ科（アシカ・トド・オットセイ・オタリア）とセイウチ科（セイウチ）の前肢に生える爪は目立たないごく小さなもので、その点も絵図の爪の表現とは異なる。

(4)　『和漢三才図会』は空想や伝説上の生き物も多数描かれており、後世から見れば学問的な精緻さに欠けるところが多々ある。この図に関しても、江戸中期の漢学者・淵景山が注記・図解した『陸氏草木鳥獣虫魚疏図解』（陸璣著）の豹（ヒョウ）の図などとそっくりで、アザラシを見たことのない人物が豹の絵を波間に描いてアザラシ（水豹）に仕立てただけではと疑いたくなる。また、1159 年成立の中国の『紹興校定経史証類備急本草』を日本の医師で本草学者の後藤光生（1696〜1771 年）が転写した『草木鳥獣之図』（江戸中期）に、アザラシと思しき全身まだら模様の海獣図が掲載されていて、『和漢三才図会』よりはるかにアザラシの実像に近いのだが、タイトルには「膃肭臍」

（オットセイ）と書かれている。前肢が小さく爪がはっきり描かれていて、おそらくアザラシをオットセイと混同したものだろう。解説文はまったく書かれていない。さらに尾部と後肢が、人魚のような尾ヒレ状に合体した姿になってしまっていて正確でない部分もあり、中国の原書（巻之五）にもそのとおりに描かれているので、後藤光生が単純にそのまま模写し、これがアザラシとの混同という認識は持っていなかったように思われる。そしてもし雑記帳の著者がこうした原書や写本を参照した経験があれば、解説文に「膃肭臍」など、想定できる動物の名を書き込んだであろうが、『草木鳥獣之図』は版本化されて世間に出回ったものではないらしい。

(5)　将軍家に献上された『動物図譜』（『鳥獣虫魚図譜』とも）は享保2年（1717）、八代将軍徳川吉宗に見出されて翻訳（本草学者の野呂元丈によって『阿蘭陀畜獣虫魚和解』の名で抄訳）が始められるまで城内の文庫に半世紀も死蔵されていたという。そして明和5年当時、一般に流通しない稀書でかなりの高額品だったこともあって、将軍家の蔵書以外でこの書物を所蔵していたのは国内で平賀源内だけだったとみられている。そうした蘭書の挿図を模写して版本化し、世に流布した宋紫石の獅子図などはよく知られているが、もとより鰭脚類は花鳥風月や古典文学、仏教説話などとは無関係であり、あまり18世紀後期の日本の画家たちが作品の題材に好んで使うような動物でもなかったのだろう。宋紫石が蘭画から模して出版した動物の絵図に、海棲哺乳類は含まれていない。18世紀後期以降、『千蟲譜』『洋名入草木図』『閑窓録』など蘭書の影響を受けた博物画が徐々に世に出されていくが、アザラシの図はなかなか見られるようにならない。

(6)　見せ物興行に関する確実なアザラシの記録は僅少で、アシカと混同している記録もあって正確なところが分かりにくい。雑記帳より古い記録として、寛政4年（1792）8月に「水豹」が大坂道頓堀で見せ物に出された事例がみられるが、『摂陽奇観』（浜松歌国ほか著）や『兼葭堂雑録』（木村兼葭堂の遺稿集）などによれば、その水豹はアザラシではなくアシカである。そのほか、雑記帳に比較的近い年の記録としては、文政6年（1823）の『摂陽奇観』の記事に、「同（六月）難波新地ニ而、水豹　評判よろしく大入仕候へ共八月五日死ス」と、大

阪の難波新地で評判を呼んで来客が大入りだったと記しているが、アザラシかどうか分からない。文化2年の近辺ではこれらを含めて参照できる記録がほとんど見当たらず、アザラシだったという確証にも欠ける。江戸時代には紀州の海驢島（現・和歌山県由良町）など、本州の近海にアシカが生息していたので、たまたま北極海から稀に本州まで到達するアザラシよりも、近海に暮らすアシカの方が姿を見たり捕獲されたりする機会がおそらく多かっただろう。雑記帳の絵図を描いた人物がどこかの見せ物興行で、実物のアザラシを見て写した可能性はほぼないのではないか。

(7)　クラカケアザラシの例も稀にみられる。日本の沿岸に現れるのは多くが氷上繁殖型の種類で、クラカケアザラシも含まれる。内藤靖彦氏の調査によれば、「調査対象は1945年から1975年にいたる30年間に函館港、本州、四国、九州にかけて出現したゴマフアザラシ9、フイリアザラシ5、アゴヒゲアザラシ2の計16例の捕獲および目撃例である。3種とも氷上繁殖型であり、16例中14例が当才あるいは幼若獣と判断され出現場所が流氷の消失する季節と平行して南下する傾向がある。」（「第4回海獣談話会報告」海獣談話会、1975年12月）という。フイリアザラシはワモンアザラシのことである。「当才」とは当歳（その年の生まれ。数えで1歳）の幼獣で、幼若獣の出現率が高かったようである。

(8)　陸上繁殖型のゼニガタアザラシは、日本では北海道の周囲に棲息しているが、年間を通じて棲息地での定着性が高く、出産から親離れまでの期間が長いことから、幼時に流氷に乗って南下していく可能性は低いとみられている。

(9)　ちなみに、解説文の4行目にある鉄砲の誤記「鉄鉋」（鉋はカンナ）は、本書の末尾に掲載する写真史料〔p.14〕の9行目にも同じ筆跡で鉄砲を「鉄鉋」と誤記しているのがみられる。著者の癖のひとつであったかも知れない。今回の調査では、新潟市歴史博物館みなとぴあに雑記帳の原文写真をお送りして見ていただくなどしたのだが、同館によれば、写真史料〔p.8〕で新発田藩の五十公野（いじみの）組を「五十旨野組」と誤記している点（本文でも後述する）や、同史料〔p.9〕で新発田御米を「柴田御米」と誤記している点など、新発田藩

内で一定の地位にあった人物なら犯しにくいと思われる間違いがみられ、その他にもあるていど読み取れる特徴はあるものの、著者が何者だったのか、どの地域に居住していたのか等を推定するのは現時点では困難というご見解だった。

（10）　小阿賀野川は長さが約 11km、1750 年代に阿賀野川と信濃川をつなぐ要路として、また阿賀野川の水量を調節するなどのために、新発田藩が支流を拡幅して造ったとされている。海獣類が遡上できる川幅と深さがおそらくあったのではなかろうか。

（11）　気象庁のサイトにある「各種データ・資料」（過去の気象データ検索）で、1982 年 10 月以降の新津観測所における月ごとや日ごとの積雪記録を確認できる。

（12）　当時、一般的に農民が動物除けに使う火縄銃は実弾の装填が許されない空砲だったが、もし安部新村あたりの農民で農閑期に狩猟も営む者がいたなら、川の付近に住む農民が実弾で早々に対処したとも考えられようか。日本の銃は、幕末期に雷管式（雷汞〔らいこう＝起爆薬〕を雷管内で発火させる方式）が主流になっていくが、それ以前の火縄銃は湿気に弱く降雨中の使用に適さなかった。文化年間はまだ雷管式が普及するだいぶ前だったので、降雨や降雪中の出来事ではなかった光景を想定できるのかも知れない。

（13）　後述する新潟市水族館マリンピア日本海に見解を伺ったところ、もしこれがアザラシだとすると、「雑記帳の絵図にある 4 尺ばかり（約 120cm）という体長は、小型種のワモンアザラシなら成熟していた可能性ありだが、他の種だとまだ小さすぎるように思う」とのことである。成熟と未成熟の境目としては、おおむね大きさが成長限界となり生殖器が繁殖可能となった状態を成熟（成体）と考えていいが、個体差は少なからずあるようだ。あるネット記事にゴマフアザラシの性成熟年齢は雄が 3～4 歳、雌が 3～5 歳とあったが、マリンピア日本海によれば、「おおむねそれで間違っていないと思うが、その個体の成長具合や栄養状態によって成熟年齢は違ってくるだろう。日本の動物園や水族館の過去のデータを見ると、雌雄ともにだいたい 5 歳～20 歳くらいでの繁殖が多いようである。ただし施設では繁殖制限もしているだろうから、それも一概には言えない。年少での繁殖は、雄が 3 歳、

雌が2歳という例もあったようである。マリンピア日本海の飼育下における近例だと、繁殖制限をしていたのか定かでないデータだが、雄2歳、雌3歳から一緒に飼育していた個体が7歳と8歳に達して初めて繁殖した。マリンピアでは1歳頃から繁殖行動の模倣が見られた雄もいたので、行動や体格から性成熟度を判断するのは難しい」という。野生下においても同様の個体差は考えられようか。絵図の約120cmという体長から年齢や成長度を推測するのは難しく、小柄で早熟な成体だったという可能性もあるのだろうが、おそらく未成体であっただろうと本書では考えておく。

(14) ポックスウイルス科（*Poxviridae*）の各ウイルスは、特徴的な症状として皮膚に発疹様の斑紋や結節、糜爛などの痘瘡を生じさせ、患部が脱毛を来たす。人類を長らく苦しめた天然痘もこの科に含まれる。鰭脚類のポックスウイルスはパラポックスウイルス属（*Parapoxvirus*）に属する。脊椎動物に感染する現生の各ポックスウイルスはその共通祖先が50万年前には存在していたという。近世のアザラシはすでに、恒常的にポックスウイルス（Sealpox ＝アザラシ痘）の被害に晒されていたのかも知れない。アメリカの獣医師 Stephen St. Pierre 氏によれば、「野生下では通常、幼獣は母親の抗体によってアザラシ痘から保護されていて、成体は感染と回復をすでに経験して自身の抗体を持っていると考えられており、発症がみられるのは幼体期」だという（Marine Mammal Alliance Nantucket のサイト掲載記事〔2020年12月5日〕より抜粋）。

(15) 『和漢三才図会』（1712年成立）は『訓蒙図彙』（1666年）の刊行から50年ちかくも経ているのだが、その間にニホンカワウソの観察や描写に関する本草学的、あるいは博物学的な進展がほとんどなく、焼き直し程度でしかなかったということだろう。江戸中期の人々にはまだ、野生動物の形態学・生態学に関する近代的な興味をあまり持たれず、持つ機会も乏しかったのではないか。

(16) 「過去における鳥獣分布情報調査報告書」（財団法人 日本野生生物研究センター、1987年3月）の「産物帳記載の獣名一覧」に、「越後国蒲原郡小川石間組　熊のしし、あおじし（かもしか）、貉、貂、狐、猫、鼠、鼬、もぐらもち、きねずみ、してねこ、川ねずみ、山いん、川う

そ」との記載がある。

(17)　とはいえ、手描きの写生画を元に作ったであろう古い刷り物だけに、厳密には実物のゼニガタアザラシと異なる部分もある。

(18)　飼育下のアザラシは爪が自然に摩耗しにくいので、伸びすぎないように飼育員が爪の先を切っている。また、ついでながら図版8の左写真の個体には、ポックスウイルス感染の影響とみられる皮膚が黒く露出していて体毛がない。体表面が乾いたことにより、脱毛が起こっていない首まわりの白っぽい体毛とのコントラストが明瞭化して見える。顔は症状が出やすい部位だという話もあるが、そうだとすれば絵図とは逆である。図版8の2個体の年齢はいずれも2023年12月現在。

(19)　科博のサイトにある「海棲哺乳類ストランディングマップ」(2023年12月30日検索) による。ちなみに、「海棲哺乳類ストランディングデーターベース」(同日検索) によれば、アザラシのストランディング記録は、ゴマフアザラシが335件 (うち北海道以南：99件) で最多となっており、ワモンアザラシが74件 (同以南：27件)、アゴヒゲアザラシ30件 (同以南：25件)、クラカケアザラシ75件 (同以南：11件、うち青森8件、岩手2件)、ゼニガタアザラシ42件 (同以南：1件) である。ゴマフアザラシは流氷との関わりがとりわけ強いとされるが、事例の総数と南下の件数が特に多いのは注目点と言えよう。これらの他、キタゾウアザラシが3件 (すべて北海道以南)、種不明アザラシが21件で計580件、以上がこれまで科博で把握し得た事例だったらしい。

(20)　いずれもYahoo！地図を使った計測による直線距離。計測は2024年2月現在。

(21)　鰭脚類のなかでは、セイウチやアシカ科よりもアザラシの方が形態的に長い距離を泳ぐのに適しているとされる。そうしたことも、南方へのストランディングの件数の多さや、長距離の河川遡上と関係しているのかも知れない。

(22)　新潟市歴史博物館みなとぴあの展示資料 (2023年11月現在) によれば、信濃川の西方の内陸で、新潟市の海岸線から直線距離で4kmほどにある的場遺跡 (奈良・平安期) から鮭・ボラ・スズキ・タイといった海棲魚類の歯や骨が見つかっているという。季節によってこれ

らの生息域は変化するのだろうが、この海獣がそうした魚類を追いか
けて河口の汽水域や潟から内陸へと入り込んだ可能性もあるだろうか。

（23）　「阿賀野川の塩水遡上」（立石雅昭ほか、2006年6月）に、「阿賀
野川の潮位変動量は大潮時で46cm、小潮時で10cm、感潮区間は河口
から16km、最大塩水遡上距離は14kmであることが知られている」
とあるが、河道変化が激しかった江戸期の阿賀野川にそのまま当ては
められる話ではないのだろう。

（24）　安部新村があった地域も含めて、阿賀野川周辺には湾曲した旧河
道の跡が多数残されている。河道変化の歴史については、阿賀野川河
川事務所のサイト「きらり四季彩 阿賀野川」の「阿賀野川の歴史」
という頁に詳しい解説がある。ついでながら、淡水域のみに棲息する
鰭脚類としては、バイカルアザラシが独自の進化を遂げた世界で唯一
の種類として知られている。バイカル湖に棲みついた理由や経緯はは
っきり分かっていないというが、ワモンアザラシの一部が河川を長距
離遡上してバイカル湖に入ったとする説もある。ロシアのラドガ湖や
フィンランドのサイマー湖にも海から入ったワモンアザラシの亜種の
棲息が知られ、ワモンアザラシは海水と淡水のどちらにも生息してい
る。河口への迷入や遡上事例の多さも含めて、アザラシは鰭脚類のな
かで、とりわけ淡水への何らかの親和性を素質として持っているのだ
ろうか。

（25）　「博物館だより No.123」（pdf版）足寄動物化石博物館、2012年
（2023年12月25日検索）。

（26）　「釧路町 東陽1遺跡」㈶北海道埋蔵文化財センター、2006年（平
成18）。新美倫子「縄文時代の北海道における海獣狩猟」『東京大学
文学部考古学研究室研究紀要 9』（1990年）にも詳細な研究がある。

（27）　「脂質分析を通して縄文人の食生活を探る」中野益男、『脂質栄養
学』7（1）：23-30, 日本脂質栄養学会、1998年。

（28）　曲亭馬琴による『耽奇漫録 五巻』（『日本随筆大成』巻十二、吉
川弘文館、1928）に掲載の海獣図には、「文政二年己卯閏四月上旬、
／越後柏崎浜ニテ漁人所／獲ル海獣之図、／同国塩沢の牧之この図を
／贈りて、土人はこれを水虎／といふといへり、しかれとも／水虎に
似す、海獺の類な／るべし、／毛色ツヤアリ、／四足五指各／水カキ

アリ」（／は原文の改行位置、読点は筆者）と解説されている。「塩沢の牧之」とは鈴木牧之のことで、鈴木牧之が分析に加わっていたことが分かる。「海獺の類」だろうと踏み込んで推測している。柏崎市博物館の文化学芸係より、『耽奇漫録』は序文が美成によるものと馬琴によるもののふたつがあるとご教示を受けた。双方の絵図はよく似ているので、原図となったスケッチがもともとあったのかも知れないが、同館によればそうした史料の存在は確認されていないという。

(29)　西尾市岩瀬文庫のサイトで画像が公開されている（2023年12月25日検索）。

(30)　『猿猴庵日記』（『日本都市生活史料集成』第4巻 p. 587）に、「大須門前にて、物真似と水豹の見せ物有、干物也。」（大須は名古屋にある地名）という文政2年（1819）4月の記事があるというが、これについて、『見世物雑志』（三一書房、p. 11）には「四月より大須にてアジカ見せ物来る」とあり、アザラシとは似ても似つかないスケッチが掲載されていて、「干物」だと記しているので、柏崎の海獣とは無関係か。

(31)　アザラシには頭部にこうした部位を持つ種類はなく、カッパを想起させるようなものをわざと描き込んだ脚色だろうか。現代人にはカッパは淡水に住むというイメージが強く、漢字でも昔から「河童」と表記されるが、地域によっては海に住むという伝承もあり、江戸期に刊行された物語本にはカッパが竜宮城の竜王の臣として登場するものもある。この異物は国立国会図書館の『耽奇漫録　四』（山崎美成序文）の水虎図の頭部には描かれていないが、全体的な構図はほとんど同じで、一見してアザラシと思える絵図ではない。

(32)　『見世物雑志』巻四によれば、このアザラシは7月8日に捕獲され、日置村で飼育して8月14日から清寿院で見せ物となり、17日夜に死んだという。おそらく、学者や絵師による観察や写生には十分な時間を与え得たであろう。残されている図版の多くが、柏崎の水虎の図よりもはるかにアザラシらしい姿へと飛躍している観があるので、蘭学の進展とアザラシの絵画的実像とがようやく世間で一致しはじめたのは、天保期（1830〜1844年）の中頃からだったのではないか。なお、「惣身長サ五尺」（約150cm）で、「背中ニモリノ跡二ツ有リ」と、

捕獲時に突いたモリの傷が背中にふたつあると記し、そのとおりに描かれている。アゴヒゲアザラシの成体はおよそ 200～260cm あるというから、5 尺という情報が正確であるなら熱田新田に現れたのは未成体だろうか。

(33)　このほか、阿賀野川の東方にある新潟東港の港湾内（新発田川放水路）に 2009 年 3 月、さらに東にある加治川（北蒲原郡聖籠町）河口に 2002 年 12 月、それぞれ 1 頭ずつゴマフアザラシ迷入の記録がある。

(34)　「ヨーロッパ近世「小氷期」と共生危機 ―宗教戦争・紛争、不作、魔女狩り、流民の多発は、寒い気候のせいか？―」（永田諒一、2008）ほか。同論文では、小氷期による寒冷の影響について、曖昧な状況証拠に基づく安易な解釈は慎むべきとの注意喚起もしている。

(35)　アザラシが河川に迷入する事例は現代の海外にもみられるが、近世の事例については、seal（アザラシ）、strayed into a river（河川迷入）、the early modern period（近世）など、思い付くいくつかの関連ワードを欧文で並べながら少しばかり海外のサイトを検索してみたが、これといって記事も画像も見つけられなかったので深追いはしなかった。

(36)　十九首の筆頭にある「潮煮の鯛の風味や名も高し　吉原」から、「香ひには誰れもこがるゝうなきかな　御殿女郎」、「葉生姜を一寸相手にほしかれい　品川」、「玉味噌や猶古くさきぼらの汁　板橋」、「喰いは喰う見ては気のなきなまずかな　瞽女」、「つまみ喰い跡となまくさ鰯かな　下女」、「たこいかは喰いとも魚のようてなし　野郎」などの句は、三代目・桂米朝（1925～2015 年）の上方落語「魚づくし（魚の狂句）」に出てくる句とおおむね一致しているようである。十九首の全句または多くの句が、文化年間当時の落語（あるいは浄瑠璃など？）のネタから引用されたものか。新潟湊が湊町として地域の文化を隆盛させ、江戸後期には江戸や京都から華やかな文化が伝えられて、文人墨客らも訪れ、遊女や芸妓による歌舞音曲が盛んになっていたというから、そうした風流の一面と著者の趣味趣向を表している記述だと言えようか。

(37)　ただ、前記した国学者・生田万による陣屋襲撃事件などは地元の大きな事件だっただろうが、それが含まれていないところをみると、

必ずしも変事の記録を積極的に多く集めようとしたのではなかったの
かも知れない。

(38)　原図の上に用紙を重ねて、下から浮かぶ画像をなぞりながら描く
　　　方法。複写機がなかった江戸時代は、書道や描画が上手な人の透き写
　　　しによって数々の稀書から写本が作られ、それを専門とする職人もい
　　　た。著者は透き写しに手慣れた人物だった可能性もあるか。

(39)　科博のデータベースによれば、1933年（昭和8）1月24日、秋
　　　田県秋田市川尻旭川・太平川新川橋付近で発見された不明種のアザラ
　　　シが川尻猟友会によって射殺され、同年1月27日に秋田市土崎港町
　　　雄物河口に現れた不明種のアザラシ（p.17）が網での捕獲に失敗し射
　　　殺されたとある。今のところ射殺が明記されている記録は、これら戦
　　　前の記録2件と今回の雑記帳の、合わせて3例のみか。白毛の幼獣
　　　「ゴマちゃん」に代表されるように、アザラシは一般的には人気者だが、
　　　現代でも、特に北海道の漁師にとっては漁場を荒らす害獣という一面
　　　がある。

(40)　「佐渡の江戸時代文書に見られる大型海生動物の記録」（本間義治
　　　ほか、2005年）に、「戸地村へ海達という魚が上がり、地方役所へ差
　　　し上げ、銭200文下される。相川小六町又十郎方にて料理し、奉行に
　　　差し上げ、皮は奉行が江戸へ持参する」とあるのだが、明和期の佐渡
　　　では鯨と同様に、鰭脚類を「魚」と捉えていたのだろうか。

(41)　四肢の形や尾の大きさなどはアザラシと大きく異なり、アシカか
　　　オットセイの絵図（もしくは実物？）を参照・デフォルメして描いた
　　　のではなかろうか。アザラシとアシカを区別できていたのかどうかも
　　　よく分からない。文化5年（1808）閏6月から、江戸両国でアシカの
　　　見せ物興行があったというから、それを北斎が見た可能性もあるのか。
　　　前記したとおり、両国では天保9年（1838）にアザラシが見せ物に供
　　　された記録もある。ちなみに十四編は北斎の死後の刊行で、明治時代
　　　に入ってからと推測されている。一方、「賀来飛霞動物写生図」（大分
　　　市歴史資料館所蔵）という海獣図（アザラシ）が現在知られているが、
　　　作者の本草学者・賀来飛霞は文化13年（1816）の生まれであり、雑
　　　記帳よりもかなり後世の作画である。アザラシに似ているが、写実性
　　　に欠けていることから習作とみられ、おそらく実物を見ながら描いた

ものではあるまい。

(42)　『江戸の食生活』（原田信男、2003 年）。

(43)　『江戸 食の歳時記』（松本幸子、2022 年）。海獣類の情報は含まれていない。現代人よりも日々の信仰心が篤かったとみられる江戸期の人たちにとっては、一定のブレーキ効果はあったのだろう。

(44)　かつては、仏教の戒律を破って魚肉や獣肉を食べる僧侶のことを生臭坊主と称していた。『日本国語大辞典』（小学館、1975 年）によれば、江戸期の俳諧撰集『鷹筑波集』や歌舞伎の演目「鳴神」にも出てくる言葉だというから、当時の獣肉食の様子の一端を示していると言える。また、黄表紙（江戸時代の小説の一様式）のひとつとして知られる『料理献立 頭てん天口有』（大田南畝作、1784 年〔天明 4〕）という絵物語に、「ハレあやししにほたんのすいものと…」（ハレ怪ししに牡丹の吸い物と…）という一文が出てくる。「しし」は猪のこと。牡丹は猪肉の異称で、「怪ししに」と掛けた洒落である。猪肉の吸い物を食していた江戸期の人々の一風景が想起される。幕末に描かれた歌川広重の浮世絵「名所江戸百景」にある、「山くじら」（猪肉）を商う店の看板の絵などはさらに有名であろう。

(45)　雑記帳〔p. 4〕の 1 行目には、「たへ過ておくびに出る鯨汁る　後家」という一句がある。現在も新潟の郷土料理として知られている鯨汁を題材にして、地元の文士が作った句だろうか。

(46)　『江戸漢詩の情景』（揖斐高、2022 年）。「Ⅳ　人生のいろどり　牛鍋以前」が江戸期の獣肉食に詳しい。

(47)　浄土真宗は、開祖である鎌倉時代の僧・親鸞の教えによって僧侶の肉食妻帯を認めていた仏教界唯一の宗派であった。以降、他宗派からの弾圧や批判、揶揄を受けつつも、江戸期を含めて近代以降まで肉食妻帯の容認は変わることがなかったという。蒲原郡の庶民層にもそうした食生活面の影響を与えていた可能性はあるかも知れない。越後は後鳥羽上皇によって親鸞が配流に処された流刑地でもあったので、蒲原郡には親鸞にまつわる伝承が少なくない。

(48)　みなとぴあによれば、隣接の『五泉市史』民俗篇に「うさぎは女が食べるものではない」と言説されていた記録があるという。男性は食べていたという逆説になることから、近世の新潟では兎を食べる習

慣があったと推測されているらしい。鳥については、近世の越後における食材の記録としては鴨と鶏がみられ、安部新村からそう遠くない新津の川口新田に関する史料のなかに鴨猟に関する古文書があるという。兎は頻繁に捕獲できるものではなかっただろうが、鳥の一種とこじつけられてあるていど常食されていたのかも知れない。前記した寛永13年（1636）の料理本『料理物語』には、兎は「鳥乃部」でなく「獣之部」に含まれている。無論、兎を本気で鳥だとは思っていなかっただろう。

(49)　天明7年（1787）成立の杉田玄白著『後見草』によれば、天明の飢饉の際、米穀などの諸物価が高騰し、飢えた人びとが雑草や木の根葉、松の皮も食べ、全国で多くの飢民が餓死し、ついには人の死肉を食べ、人肉を犬の肉と偽って売る者も現れる惨状を呈したという。近世には何回となく大小の飢饉と、一揆や打ちこわしが各地で起こっていた。

(50)　黙斎翁とは、江戸後期に熱田の新田開発に大きな功績があった尾張藩士の津金文左衛門胤臣（号・黙斎）のことだろうか。もしそうなら、享和元年（1801）に没した地元の功労者・津金胤臣の人柄やイメージをアザラシの出現とその容貌に想い起こしたものか。

(51)　前掲注（29）の小田切春江著『海獺談話図会』に絵図入りでその様子が記されている。

(52)　この『海獣考』には、著者の千葉貞胤（文斎）による多くの考察と、いくつかの学術書から関係する引用文が列挙されている。スケッチが2点描かれていて、どちらも明らかにアザラシなのだが、「水豹の名、諸書に見えたれど、その詳なること」がどの文献にも書かれておらず、アザラシかオットセイか、その他のものか分からないという疑問符を付けている。天保9年当時の江戸両国でも、まだ海獣類を明確に判別できる博物学の文献が得られなかったらしい様子が窺われる。

(53)　同年の11月14日をもって正式に受理。翌12月から、同館開催の新収蔵品展で翌年1月の末まで初の展示に供された。正式な資料名は、2023-C2-1［雑記帳］（新潟市歴史博物館所蔵）となった。

【参考文献】

　　──古文献デジタルデータ──

『江戸繁昌記』初編、寺門静軒著、早稲田大学図書館 古典籍総合データ
　　ベース

『海獣考』千葉貞胤著、国立研究開発法人 水産研究・教育機構 図書資
　　料デジタルアーカイブ

『海獺談話図会』歌月庵喜笑（小田切春江）著、西尾市岩瀬文庫コレク
　　ション

『訓蒙図彙』中村惕斎著、国立国会図書館デジタルコレクション

『蒹葭堂雑録』木村蒹葭堂著、国立国会図書館デジタルコレクション

『紹興校定証類備急本草画図』王継先、早稲田大学図書館 古典籍総合デ
　　ータベース

『草木鳥獣之図』後藤光生編、国立国会図書館デジタルコレクション

『耽奇漫録 四』滝沢解、山崎美成著、国立国会図書館デジタルコレクシ
　　ョン

『動物図譜』ヤン・ヨンストン著、神戸市立博物館、文化遺産オンライ
　　ン

『北越奇談』崑崙橘茂世著、早稲田大学図書館 古典籍総合データベース、
　　および、野島出版本、1978 年（第 4 版、昭和 58）

『北斎漫画』葛飾北斎編、国立国会図書館デジタルコレクション、江戸
　　東京博物館デジタルアーカイブス、ほか

『本朝食鑑』人見必大著、国立国会図書館デジタルコレクション

『本朝草木』貝原益軒著、中村学園大学 貝原益軒アーカイブ

『松前志』巻之四、松前広長著、東京国立博物館デジタルライブラリー

『見世物雑志』巻之四、小寺玉晁著、早稲田大学図書館 古典籍総合デー
　　タベース

『陸氏草木鳥獣虫魚疏図解』淵景山註解・図解、鷗外文庫書入本画像デ
　　ータベース

『料理物語 全』編著者不明、国立公文書館デジタルアーカイブ

『和漢三才図会』寺島良安編、早稲田大学図書館 古典籍総合データベー
　　ス

『和名類聚抄』源順編、国立国会図書館デジタルコレクション

──書籍・論文──

「阿賀野川の塩水遡上」立石雅昭ほか、2006 年 6 月

「石狩湾東部沿岸における海生哺乳類ストランディングの記録」志賀健
　　司、2019 年

『江戸漢詩の情景』揖斐高、岩波書店、2022 年

『江戸 食の歳時記』松下幸子、筑摩書房、2022 年

『江戸の科学 大図鑑』太田浩司ほか、河出書房新社、2016 年

『江戸の戯作絵本 2　全盛期黄表紙集』小池正胤ほか編、社会思想社、
　　1981 年

「過去における鳥獣分布情報調査報告書」財団法人 日本野生生物研究セ
　　ンター、1987 年 3 月

「釧路町 東陽 1 遺跡」㈶北海道埋蔵文化財センター、2006 年（平成 18）

「佐渡の江戸時代文書に見られる大型海生動物の記録」本間義治・三浦
　　啓作、2005 年

「縄文時代の北海道における海獣狩猟」『東京大学文学部考古学研究室研
　　究紀要 9』、新美倫子、1990 年

『千葉大学教育学部研究紀要 第 31 巻 第 2 部』「古典料理の研究（八）─
　　寛永十三年「料理物語」について─」、松下幸子ほか、1982 年

「珍禽異獣奇魚の古記録」磯野直秀、2005 年

「新潟県下に漂着した海産哺乳類」池原宏二ほか、1990 年

『日本随筆大成』第 12 巻、吉川弘文館、1928 年（昭和 3）

「文書記録による小氷期の中部日本の気候復元」水越允治、1993 年

『北越雪譜』鈴木牧之編、岩波書店、1986 年（第 32 刷）

「北海道の狩猟・漁撈活動の変遷」西本豊弘、国立歴史民俗博物館、
　　1985 年

「真鶴岬で捕獲されたゴマフアザラシについて」中村一恵・山口佳秀、
　　1987 年

『見世物雑志』小寺玉晁〔著〕、郡司正勝・関山和夫編、三一書房、1991
　　年

「ヨーロッパ近世「小氷期」と共生危機 ─宗教戦争・紛争、不作、魔女
　　狩り、流民の多発は、寒い気候のせいか？─」永田諒一、『文化共生
　　学研究』第 6 号、2008 年

——ホームページ——

「海棲哺乳類情報データベース」国立科学博物館のホームページ（2023
　年12月30日最終検索）

「各種データ・資料」気象庁 Japan Meteorological Agency（2024年1月
　28日最終検索）

「きらり四季彩 阿賀野川」阿賀野川河川事務所のホームページ（2023
　年11月最終検索）

「博物館だより No. 123」足寄動物化石博物館のホームページ（博物館
　だより バックナンバー）、2012年（2023年12月25日最終検索）

「Pox Virus in Pinnipeds and Cetaceans, Dr. Stephen St. Pierre, DVM・Dec
　05, 2020」Marine Mammal Alliance Nantucket のホームページ（2024
　年1月28日最終検索）

【図版出典】

1-1、「文化二年阿賀野川海獣遡上史料」（新潟市歴史博物館みなとぴあ
　へ寄贈）〔p. 1〕より全身の図

1-2、「文化二年阿賀野川海獣遡上史料」〔p. 1〕より上半身および後肢
　と尾部をトリミング

2、ゴマフアザラシの前肢と後肢・尾の写真。筆者所蔵

3、『和漢三才図会』巻第三十八より水豹（阿左良之）の図

4、『和漢三才図会』巻第三十八より水獺（かはうそ・水狗）の図

5、新潟市水族館マリンピア日本海より提供されたラッコの写真2点か
　ら横顔・後肢・尾部をトリミング

6、『知床日誌』（松浦武四郎著、1863年〔文久3〕）のアザラシの図を
　トリミング。筆者所蔵

7、『Allgemeine Naturgeschichte für alle Stände』（Lorenz Oken 著、1843
　年）よりゼニガタアザラシの写生図をトリミング。筆者所蔵

8、ゴマフアザラシの横顔・上半身。筆者所蔵。左の写真は4歳、後肢
　を除く体長約110cm、右の写真は5歳、後肢を除く体長約130cm

9、「タマちゃんの特別住民票」（神奈川県横浜市西区役所、2003年2月
　製作）を借用

10、阿賀野川河川事務所ホームページ「阿賀野川の歴史」に掲載されて

いる河道図を借用

11、『日本随筆大成』第12巻（1928年〔昭和3〕吉川弘文館）p.35に
掲載の『耽奇漫録』（曲亭馬琴筆）より

12、『見世物雑志』巻四（小寺玉晁〔著〕、郡司正勝・関山和夫編、1991
年、三一書房）p.155に掲載の海獺の図。肉筆原本は早稲田大学図書
館所蔵

13、「文化二年阿賀野川海獣遡上史料」〔p.8〕より稲穂に関する口上書

14、「文化二年阿賀野川海獣遡上史料」〔p.12〕より大塩平八郎の乱に関
する通達

15、『北斎漫画』（葛飾北斎、尾張東壁堂蔵版）の三編（23丁）および
十四編（17丁）より。十四編はトリミング画像。個人蔵

【おもな調査協力】

阿賀野川河川事務所

柏崎市立博物館　文化学芸係

新潟市水族館　マリンピア日本海

新潟市歴史博物館　みなとぴあ

横浜市西区役所　総務部区政推進課

——附 録——

史 料 写 真

（文化二年阿賀野川海獣遡上史料）

〔p. 1〕

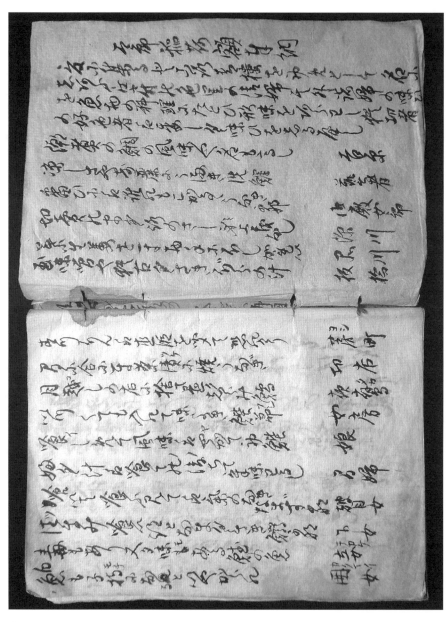

〔p. 2～3〕

68

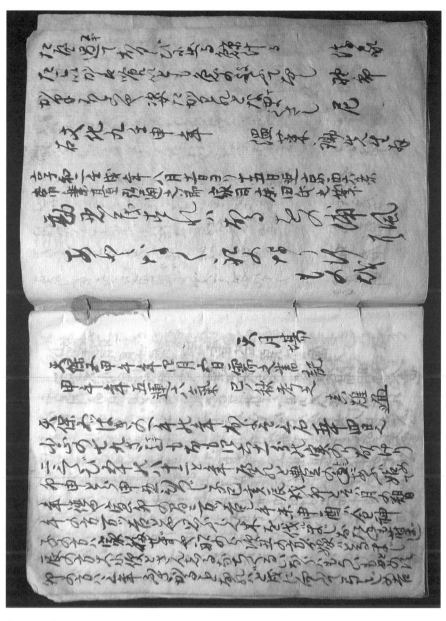

〔p. 4〜5〕

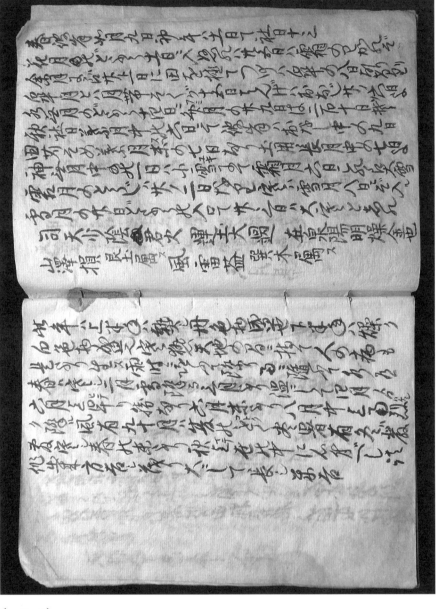

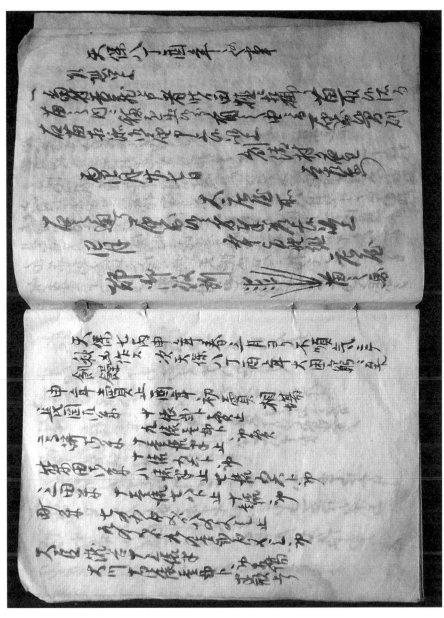

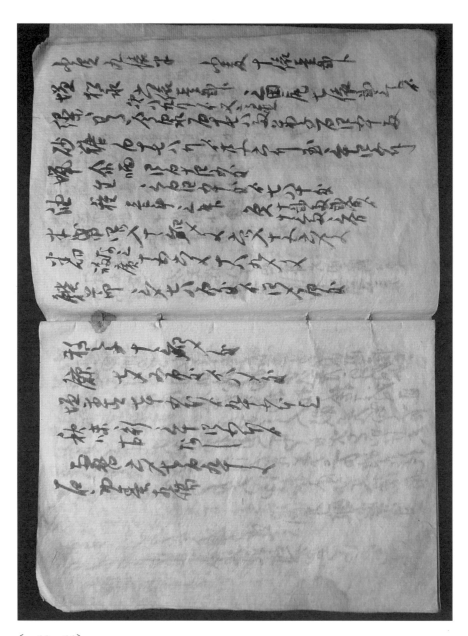

〔p. 10〜11〕

72

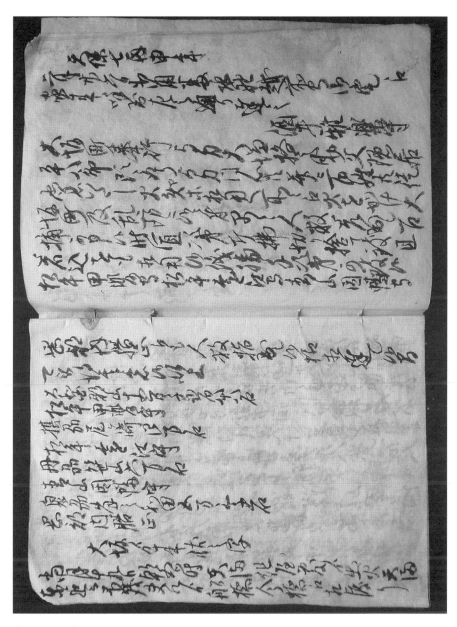

〔p. 12〜13〕

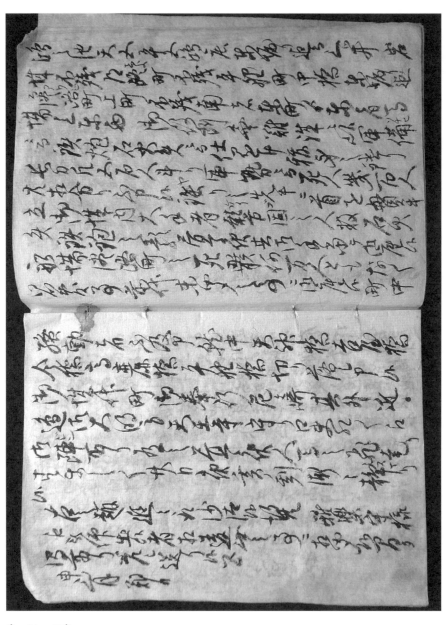

〔p. 14〜15〕

74

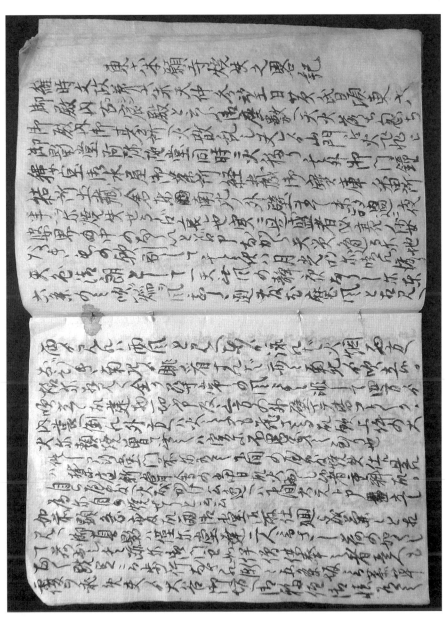

〔p. 16〜17〕

75

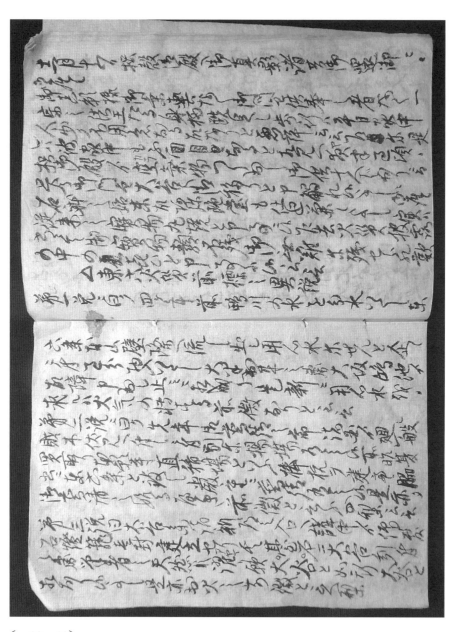

〔p. 18～19〕

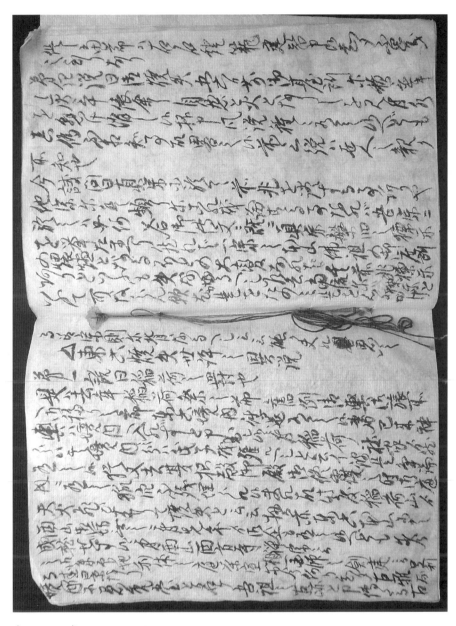

〔p. 20～21〕

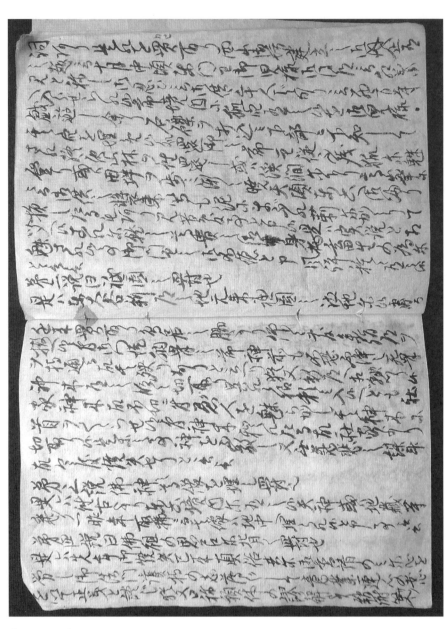

〔p. 22〜23〕

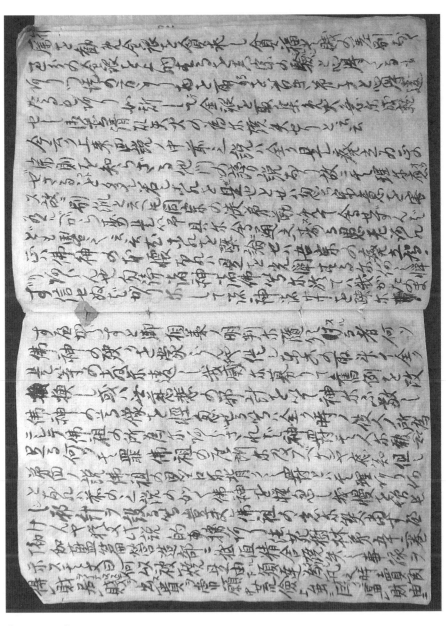

〔p. 24〜25〕

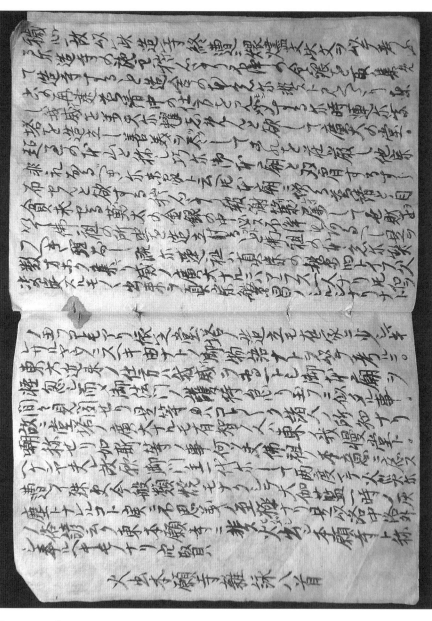

〔p. 26～27〕

80

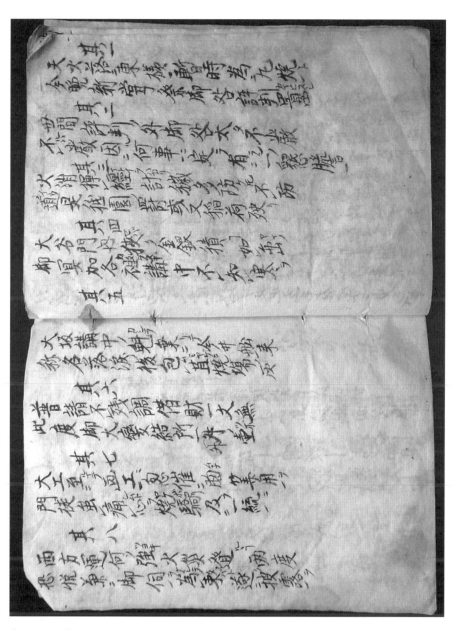

〔p. 28～29〕

81

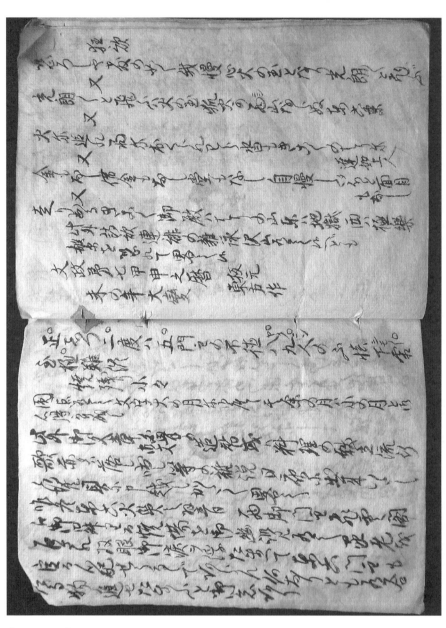

〔p. 30〜31〕

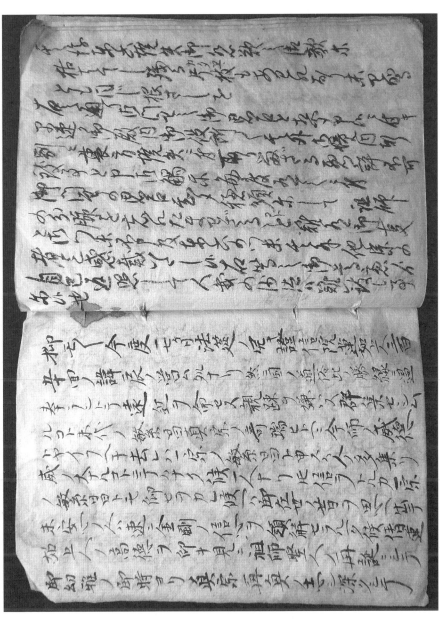

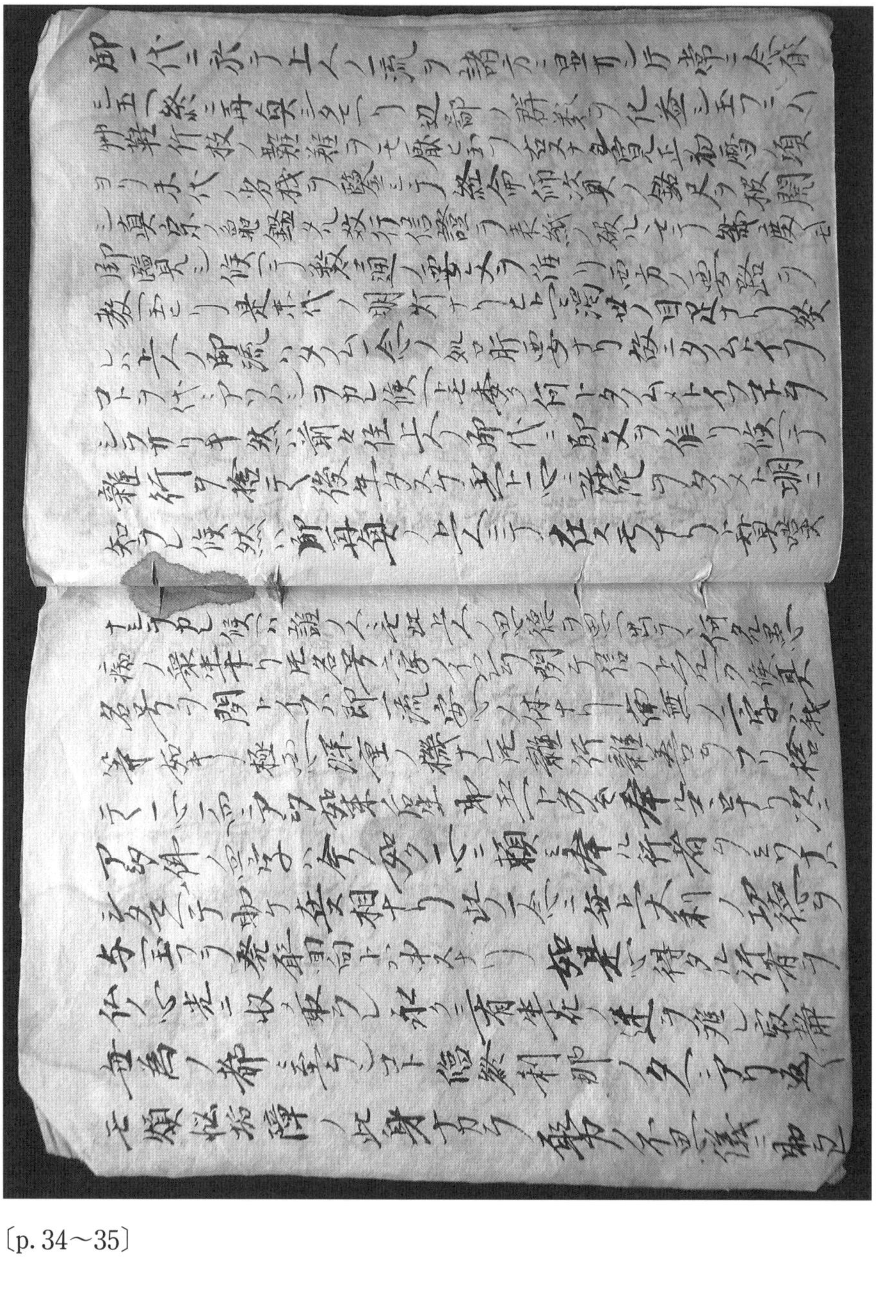

〔p. 34〜35〕

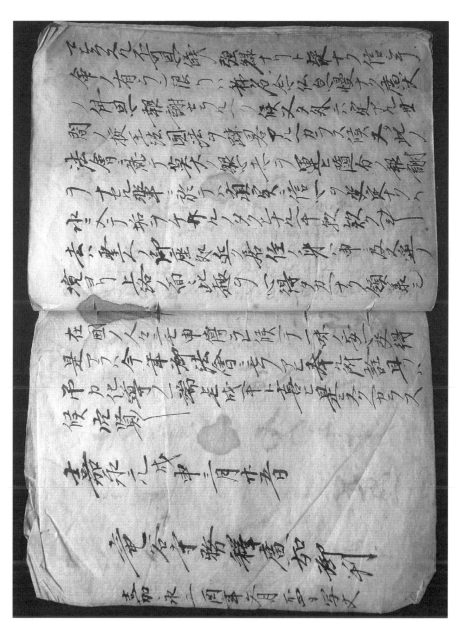

〔p. 36〜37〕

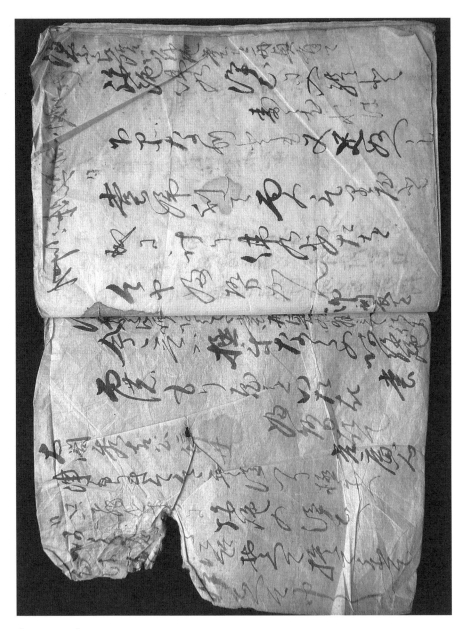

〔p. 38～39〕

〔p. 40〕

著者　村野　豊（1966 年 2 月生まれ）
経歴　東京都青梅市出身
　　　八王子学園八王子高等学校卒
　　　国士舘大学文学部史学地理学科卒
　　　青梅市教育センター（青梅市史編さん室臨時職員）
　　　株式会社 精興社（校正担当）
著作　『国友一貫斎考案の井戸掘り機 ―徳山藩の砲術師範・中川半平との交流―』
　　　（自費出版、2013 年）

新潟県の阿賀野川流域に現れた 江戸時代の海獣

2024（令和6）年 7 月 15 日　初版第1刷発行

著　　者　村野　豊
発　　売　新潟日報メディアネット
　　　　　【出版グループ】
　　　　　〒950-1125
　　　　　新潟市西区流通3-1-1
　　　　　TEL 025-383-8020　FAX 025-383-8028
　　　　　https://www.niigata-mn.co.jp
印刷・製本　有限会社 めぐみ工房
表紙デザイン　梨本　優子

©Yutaka Murano 2024, Printed in Japan
ISBN 978-4-86132-864-0

落丁・乱丁本は送料小社負担にてお取り替えいたします。
定価はカバーに表示してあります。